인류는
대멸종을
피할 수 있을까?

인류는
대멸종을
피할 수 있을까?

기후 위기와 멸종

신인철 지음

다정한시민

3장

우리가 몰랐던 산소 대학살 멸종

4장
최근에 멸종된 생물들

5장
멸종 위기에 처한 생물들

6장
기후 변화와 여섯 번째 대멸종

독자 여러분 안녕하세요? 다들 너무 바쁘시죠? 그래도 이 책을 읽고 있는 여러분은 다른 분들에 비해 좀 더 삶의 여유를 즐기실 수 있는 분들이라 믿습니다. 우리가 바쁜 이유는 인생이 길지 않기 때문일 수도 있어요. 우리는 짧은 삶을 여러 단계로 나누어 각각의 단계에 꼭 필요한 일을 하느라 너무 바쁘게 살고 있지요.

어렸을 때는 자신의 미래를 결정하기 위한 공부나 직업 훈련을 받기 위해 많은 시간을 보낼 것이고, 청년부터 장년의 긴 기간은 자신이 택한 일에서 보람을 느끼고 직업의 보상을 얻기 위해 또 아주 바쁜 시간을 보냅니다. 그렇게 바쁜 청장년의 시간이 끝나 가고 은퇴 준비를 할 때쯤에야 비로소 삶의 여유를 가지게 되는 경우가 많지요. 평소에 관심이 많아 자세히 공부해 보고 싶었지만 시간이 없어 들추어 보지 못했던 분야의 공부에 뒤늦게 빠져드는 분들을 저는 주변에서 자주 봅니다.

이 책의 본문에서도 말씀드릴 텐데요, 우리의 삶은 환경 변화, 생물의 멸종을 몸소 느끼기에는 너무나 짧습니다. 우리는 기후 변화와 멸종이 인류의 미래에 큰 영향을 미칠 수 있는 매우 중요한 일이라는 것을 알지만 오늘 당장 할 일이 너무 많아서, 다른 일에 우선순위가 밀려서, 그리고 인생이 너무 짧아서 기후 변화와 멸종에 대해 큰 관심을 기울이지 못하고 있지요. 이렇게 중요한 일이 뒤로 밀리는 것을 '모든 사람의 두 번째 우선순위'로 설명합니다.

우리 모두 기후 변화와 멸종이 아주 심각한 문제라는 것을 알고 있지만 저마다 자신의 일이 더 중요하기 때문에 기후 변화와 멸종은 당장 해결해야 할 당면 과제의 우선순위에서 밀리는 것이지요. 하지만 언젠가 기후 변화와 멸종은 인류가 당면할 첫 번째 우선순위가 될 수밖에 없는 날이 오고야 말 것입니다.

이 책의 전반부에서는 지구에서 일어났던 다섯 차례의 대멸종에 대하여 자세히 알아봅니다. 독자 여러분은 지구가 겪었던 대멸종의 원인이 모두 급격한 기후 변화 때문이라는 것을 배우게 될 것입니다. 또 엄청나게 많은 종의 생물이 동시에 멸종하는 대멸종의 원인은 이들 생물이 모두 생태계라는 거대한 시스템 안에서 서로 떼려야 뗄 수 없는 영향력을 주고받기 때문이라는 것을 알게 될 것입니다.

저는 멸종을 소개한 다른 책에서 대부분 중요하게 다루지 않은 혐기성 미생물의 대멸종을 가져온 '산소 대학살 멸종'에 대하여 많은 분량을 할애하여 설명하였습니다. 미생물은 비록 눈에는 잘 띄지 않지만 지구 생태계를 이루는 없어서는 안 될 꼭 필요한 구성원이기 때문에 그 중요성을 자세하게 다루고 싶었습니다.

후반부에서는 '멸종'이라고 하면 가장 먼저 떠오르는 날지 못하는 새 도도를 비롯한 스텔러바다소, 주머니늑대, 사불상 등의 이야기를 풀어 보았습니다. 전반부에서 알아보았던 대멸종들이 인간의 의지와 관계없이 일어난 일이라면, 이와 대조적으로 최근 인간의 개입에 의해서 어떻게 생물의 멸종이 유도되고, 또한 인간은 멸종을 막기 위해 어떠한 노력을 할 수 있는가를 독자 여러분이 현장감 있게 느끼셨으면 좋겠습니다.

책의 마지막 부분에는 기후 변화에 의한 멸종에 대비하기 위해 기후 변화가 일어나는 직접적인 원인과 그것을 막기 위해 우리가 실천해야 할 일에 대한 내용을 담았습니다. 최근 드라마화되어 많은 인기를 끌고 있는 류츠신의 소설『삼체』를 보면 인류가 수백 년 후에 지구에 도착하게 될 다른 은하계 침입자의 공격에 대비하여 다 같이 준비하는 내용이 나옵니다. 그 와중에도 일부는 자신, 혹은 자신의 자식들과는 큰 관계가 없는 수백 년 이후의 일이라며 애써 현실로 다가온 위험을 부정합니다. 지구에 지금 닥치고 있는 현실적인 기후 변화와 대멸종의 위기는 소설 속의 외계 문명에 의한 위협보다 훨씬 더 가까이 와 있을지도 모릅니다. 우리의 짧은 인생과는 큰 관계가 없는 일이라고 기후 변화와 멸종의 위기를 무시한다면 소설 속의 이야기처럼 인류는 허망한 종말을 맞게 될 것입니다.

그때가 다가오기 전에, 인류가 여섯 번째 대멸종을 맞닥뜨리기 전에, 우리 모두 이 책에서 알게 된 내용을 숙지하고 인류에게 찾아올 대재앙에 대비해 차근차근 준비한다면 우리의 후손들에게 훨씬 나은 미래를 물려줄 수 있습니다.

멸종이 왜 문제일까?

1장

멸종 위기 도롱뇽 때문에
길을 안 낸다고?

여러분은 멸종에 대해서 어떻게 생각하나요? 나와는 전혀 관계없는 일이라고 생각하나요? 나와 친한 사람이나 내가 사랑하던 반려동물이 세상을 떠나는 것은 마음에 직접 와닿는 큰 슬픔이지요. 하지만 나와는 관계가 먼 사람이나 동물들이 죽는 것은 별다른 느낌이 없는 것처럼, 하나의 생물종이 지구상에서 모두 없어지는 멸종에 대해서도 큰 느낌이 없을 수 있겠지요.

저의 오랜 친구 중의 하나도 학창 시절에 이러한 이야기를 했던 기억이 납니다. "멸종 동식물 보호? 도대체 그런 것이 왜 중요하지? 당장 산업을 발전시켜서 돈을 많이 버는 것이 사람들한테 더 좋은 것 아니야? 왜 멸종 동식물 때문에 산업 발전을 늦춰야 해?" 당시에 저는 그 친구의 생각을 바꾸려고 애썼으나 실패했어요.

최근에는 한 젊은 정치인이 SNS에 썼던 글이 필화를 불러왔지요. 아마 이렇게 썼던 것 같아요. "아, 내 주변에 있는 동물들 너무 싫다. 벌레도 싫고 쥐도 싫고. 먹을 수 있는 가축만 빼고 다 멸종해 버렸으면 좋겠다."

그렇다면 제 친구와 이 정치인이 잘못했다고 우리가 비판할 수 있는 근거는 무엇일까요? 일단 이 사람들은 공감 능력이 부족하여 타인이나 다른 생물이 받는 고통을 같이 느끼지 못한다고 얘기할 수 있겠지요. 하지만 그러한 공감 능력은 개인에 따라 느끼는 정도와 대상의 차이가 있어요. 또한 무조건 공감 능력이 뛰어나야만 좋은 것은 아닐 거예요. 지금도 전 세계 어느 곳에서는 전쟁으로, 천재지변으로 많은 사람이 죽거나 다치고 있고, 우리의 밥상에 오르기 위해 많은 동물이 희생당하고 있어요. 공감 능력이 너무 뛰어나서 이런 모든 일상다반사에 슬퍼한다면 정상적인 생활을 할 수 없겠지요?

산업 발전을 위해서는 동식물 몇 종 정도는 멸종해도 관계없다고 생각하는 친구의 주장을 좀 더 구체적으로 살펴보면 다음과 같아요. "공장 부지가 없으면 들과 산을 개간해서 공장을 지으면 되잖아. 들판의 메뚜기, 나비 좀 없어진다고 그게 무슨 대수야?", "농작물을 생산할 농경지가 없으면 바다를 간척하여 땅을 만들면 되지. 그 갯벌에 사는 게나 갯강구 같은 것들 좀 죽으면 어때?", "아니 멸종 위기 도롱뇽 때문에 길을 새로 안 낸다고? 도롱뇽이 밥 벌어 주나?" 언뜻 들어 보면 그 친구의 주장을 논리적으로 반박하기 힘들 것도 같아요. 어떠한 주장이든 반박 논리를 만들어 내기 위해서는 좀 더 크게 확대하여 생각해 보면 쉽습니다. 저 친구의 주장을 좀 더 크게 확대해서 표현하면 앞에서 말했던 정치인의 이야기가 되지요. "음식으로 쓰이는 동물 말고는 다 죽었으면 좋겠다."

이러한 이야기가 말이 안 되는 이유는 무엇일까요? 네, 맞아요. 이들은 모두 생태계라는 커다란 시스템 아래 우리를 포함한 지구상의 모든 생물이 서로 필요 불가결한 영향을 미치고 있다는 것을 잊고 있어요. 인간에게 고기를 제공하는 소, 돼지, 닭 이외의 모든 동물이 멸종하면 이들의 사료는 무엇으로 만들까요? 돼지나 닭의 사료에는 동물성 성분이 들어가지만 소의 사료는 주로 식물로 만들어지기 때문에 상관없다고요? 꼭 그렇지만도 않습니다. 소의 사료에 들어가는 단백질에는 식물성 단백질뿐 아니라 동물성 단백질도 포함되지요. 그리고 동물의 사료가 되는 식물이 꽃을 피우고 씨앗을 맺기 위해서는 곤충 같은 동물의 도움이 필요합니다.

꼬리치레도롱뇽에게 지하 수맥을 내려앉히는 터널 공사는 치명적이다. 지율 스님은 2003년 2월부터 천성산 터널 공사를 막기 위해 5차례 총 262일 동안 단식 투쟁을 했다. '도롱뇽과 친구들'이라는 단체가 도롱뇽의 이름으로 공사 금지 가처분 소송을 냈으나, 결국 터널은 완공되었다.

원작자 김현태, 저작재산권자 국립생물자원관

그러므로 지구라는 큰 생태계 안에서 같이 살고 있는 인간을 포함한 모든 생물은 서로 복잡한 상호 관계로 얽혀 있습니다. 어느 한 생물의 멸종이 다른 생물에게 심각한 영향을 줄 수도 있는 이유가 바로 이 생태계 안에서의 관계 때문이지요.

멸종이
생태계에 미치는 영향은?

지구상에서 살고 있는 모든 생물은 커다란 생태계 안에서 서로 끊으려야 끊을 수 없는 관계를 맺고 있다는 것을 앞에서 이야기했어요. 그런데 하나의 생물종이 운이 없게도 멸종하면 생태계에는 어떠한 영향을 미칠까요? 앞에서 든 예처럼 꽃가루받이를 도와주는 곤충이 멸종하면 곤충에 번식을 의존하는 많은 식물은 영향을 받겠지요. 하지만 언뜻 생각하면 굳이 곤충이 없어도 바람으로 꽃가루받이를 할 수 있는 식물도 있으니 전체 식물 군집에는 그다지 큰 영향이 없을 것이라 생각할 수도 있어요. 정말 그럴까요?

지구의 생태계를 이루는 모든 생물이 만일 여러분 책꽂이에 가지런히 꽂힌 책처럼 서로에게 약간 기대고 있기는 하지만 나름대로 독립적으로 존재한다고 가정해 볼까요? 여러분 책장에 빼곡하게 진열되어 있는 수많은 책 중 한 권의 책을 뽑아서 중고 서점에 팔아요. 책을 뽑아낸 바로 다음에는 중간에 뭔가가 빠진 빈자리가 보이지만 책이 빽빽하게 꽂혀 있었을 경우 옆자리의 책들이 조금씩 이동하면서 그

빈자리는 금방 없어질 거예요. 여러분의 책장은 마치 그 책이 처음부터 존재하지 않았던 것처럼 보일 수 있지요. 여러분 책꽂이의 책들은 옆에 있는 책들과 기대고 있지만 사실 서로 그렇게 대단한 관계는 맺고 있지 않은 것이지요.

그런데 책이라고 다 같은 책은 아니에요. 저는 책을 많이 사다 보니 책꽂이가 모자라 최근에 산 책들은 주로 제 사무실에 있는 소파 등받이 위에 쌓아 놓고 있어요. 나름대로 차곡차곡 한 줄로 잘 쌓고 그 위에 다시 평평한 노트북 컴퓨터 박스 같은 것을 놓고 그 위에 한 줄로 또 책을 쌓았지요. 저는 균형을 잡아서 책을 잘 배열했다고 생각했어요. 책 무더기가 무너지지 않고 잘 유지되었거든요.

얼마 전 사무실에서 열심히 글을 쓰다가 잠시 피곤해서 소파에 누웠어요. 잠깐 졸다가 깨어나서 그냥 누워 있기는 심심해서 소파 등받이 위에 있는 책들 중에서 눈에 띄는 만화책 한 권을 뽑아 들었지요. 그런데 무슨 일이 일어났을까요? 소파 등받이 위에 두 줄로 쌓아 놓았던 수십 권의 책이 무너지면서 제 몸 위로 쏟아졌어요. 게다가 큰 박스에 들어 있는 두꺼운 다섯 권짜리 세트 책이 박스째 제 머리 위에 떨어져서 크게 다칠 뻔했지요.

책장에 가지런히 꽂힌 책들 중 한 권과 제 소파 등받이 위에 쌓여 있던 책은 무엇이 다른 것일까요? 책장 안의 책 생태계(즉, 책과 책 사이의 관계)와 소파 등받이 위의 책 생태계가 서로 차이가 있다고 할 수 있겠죠. 무엇보다도 뽑아낸 책 한 권의 생태학적 지위에 차이가 있다고 할 수 있어요. 소파 등받이 위에 차곡차곡 쌓인 책 무더기를 모두 무너지게 만든 책 한 권은 바로 그 소파 등받이 위의 책 생태계를 유지하는 데 아주 중요한 역할을 하고 있었던 것이지요. 그 책이 무더기에서 빠져나오게 되니 서로 기대고 있던 책 사이의 힘의 균형이 깨지면서 모든 책들이 다 제 몸 위로 쏟아진 거예요. 이렇게 겉으로 봐서는 잘 모르지만 책 무더기 안에서 어느 한 권의 책이 균형을 잡는 데 아주 중요한 역할을 하고 있었던 것이지요.

갑자기 뜬금없이 웬 책 무더기가 무너지는 이야기냐고요? 잘 쌓여 있는 책들 중 어느 하나가 빠지면 전체 책 더미가 모두 무너질 수 있는 것처럼 균형이 잘 잡혀 있는 생태계에서 어느 한 생물종이 빠지면, 즉 멸종하면 그 생태계 전체가 위협받을 수 있어요. 에이, 설마 그런 일이 있을 수 있냐고요? 지금부터 생물의 멸종이 어떻게 가속화되어 한 종의

어느 한 권의 책이 균형을 잡는 데 중요한 역할을 하는 것처럼, 어느 한 생물종이 멸종하면 생태계 전체가 위협받을 수 있다. 사진 Pixabay 제공 ⓒNino Care

멸종이 다른 종의 멸종을 일으키게 되는지 살펴봐요. 이러한 연쇄 반응으로 꼬리를 물고 맞물려 일어나는 개별 생물 종들의 멸종이 어떻게 대규모 멸종을 일으키게 되는 것인지도 알아보도록 해요. 우선 현재 지구에서 일어나고 있는 한 종의 생물 개체 수 변화가 생태계 전체에 미치는 영향을 알아봐요. 그다음 지구의 오랜 역사를 되짚어 보면서 지금까지 지구에서 일어났던 대규모 멸종 사건을 하나씩 살펴보도록 할까요?

해달이 멸종했는데
왜 성게마저 없어질까?

여러분은 성게라고 들어 보았지요? 성게는 바다에 사는 마치 밤송이 같은 가시나 딱딱한 외피로 무장하고 있는 극피동물입니다. 최근 우리나라에도 미식 열풍이 불면서 성게의 생식소를 초밥집에서 많이 접하게 되었지요. 성게의 생식소를 흔히 성게알, 혹은 일본어로 우니라고 부르지만 우리가 먹는 부위는 성게의 난소나 정소를 먹는 것이기 때문에 성게 생식소가 맞는 표현입니다. 갑자기 왜 뜬금없이 성게 이야기냐고요? 성게가 해양 생태계에 아주 중요한 역할을 한다는 것을 이야기하려고 해요.

다음에 다룰 아마존의 열대 우림만큼 지구 전체 광합성에 크게 기여하고 있는 것이 바다의 거대다시마(giant kelp)예요. 여러분은 '우후죽순'이라는 사자성어를 알지요? 비 온 뒤 대나무 순처럼 빠르게 무언가가 성장할 때 "우후죽순처럼 빨리 자란다."라는 표현을 하지요. 거대다시마는 죽순보다 더 빨리 자라는데 햇볕만 충분하다면 하루에 60cm 이상 자랄 수 있어요. 거대다시마의 전체 길이는 평균 30m이고,

50m까지 자라기도 해요. 거대다시마는 이렇게 바닷속에서 무성한 숲을 이루어 해양 포유류의 쉼터가 되고, 어류나 갑각류가 알을 낳을 수 있는 장소를 제공하고, 전복과 같은 여러 연체동물의 먹이로도 이용되는 등 해양 생태계에서 아주 중요한 역할을 해요.

자, 이번에는 또 다른 해양 생물인 해달에 대해 이야기해 볼까요? 대다수의 해양 포유류와는 달리 해달은 체온을 유지하기 위한 두꺼운 피하 지방층을 가지고 있지 않아요. 그 대신 아주 촘촘한 털로 이루어진 두꺼운 모피를 가지고 있어요. 이러한 탐나는 모피 때문에 19세기 중반 미국 서해안에서는 사냥꾼들이 해달을 마구 잡았어요. 시베리아, 알래스카, 캘리포니아에 걸친 해변에서 해달 사냥이 광범위하게 이루어졌고 1906년에는 오리건주에서 마지막 해달이 사냥되었어요.

언뜻 보면 별로 관계가 없을 것 같은 성게와 거대다시마, 그리고 해달은 서로 어떠한 영향을 미칠까요? 해달은 성게의 포식자이고 성게는 주로 거대다시마와 같은 해초를 먹고 살아요. 오리건주에서 해달이 멸종하니 해달의 주된 사냥감이었던 성게가 갑자기 창궐하게 되고 이는 곧 바닷속의 열대 우림 역할을 하는 거대다시마 숲을 없애 버렸어요. 주변 해양 생태계의 모든 생물에게 쉴 곳을 제공하고, 먹을 것을 공급해 주고, 자손을 퍼뜨릴 수 있도록 도와주던 거대다시마 숲이 없어지니 온갖 해양 생물이 노닐던 아름다운 바다 숲이 사막처럼 변하고 말았어요.

실제로 이런 현상을 바다의 사막화, 또는 백화 현상이라고 불러요. 해조류가 사라진 자리에는 회색의 무절 석회 조류만 남아 회백색으로 보이기 때문에 백화 현상이라 불리게 된 거지요. 거대다시마와 같은 해초가 없어지면 해초를 직접 먹고 사는 조개류와 같은 연체동물도 멸종하게 되고, 쉼터와 갑각류 등의 먹이가 없어지면 어류마저 떠납니다. 최종적으로는 번성했던 성게마저 먹이 부족으로 사라져 바다의 사막과 같은 모습으로 변하게 돼요.

백화 현상은 해달이 멸종한 미국 오리건주 서해안에서만 발견되는 것이 아니고 최근 우리나라 동해와 남해, 제주도 해안에서도 종종 관찰돼요. 다만 우리나라 해안에서 관찰되는 백화 현상은 해달의 멸종 때문은 아니에요. 어민들이 고가의 해산물인 뿔소라, 전복의 유생을 너무 많이 바다에 투입한 결과로 발생하기도 하고, 조개의 천적인 불가사리를

성게는 대부분 둥근 몸에 밤송이 같은 가시가 빽빽하게 박혀 있다. 한국에는 약 30종 정도가 서식하고 있는데 가시에 독이 있는 경우도 있으니 주의해야 한다. 사진 Unsplash 제공 ⓒStefan Sebok

해달은 누워 헤엄치며 쉬거나 자고, 바닷속에서 성게, 전복, 조개 등을 잡아먹는다. 도구를 사용하는 몇 안 되는 동물로, 조개를 돌로 깨서 먹는다. 사진 Unsplash 제공 ⓒKieran Wood

연안 해변에서 조개 양식에 방해가 된다고 인위적으로 제거한 결과 역시 불가사리의 사냥감인 성게가 대량 발생해서 백화 현상이 일어나기도 해요. 백화 현상이 일어나면 결국 대부분의 해양 자원이 사라지게 되므로 어민들은 큰 손해를 입겠지요.

지금까지 살펴보았듯이 성게와 불가사리와 같은 극피동물, 거대다시마와 같은 해조류, 조개류를 포함한 해양 연체동물, 해양 포유류, 어류 등은 모두 해양 생태계에서 서로 밀접한 관계를 가지고 있고 절묘한 개체 수의 균형을 통하여 건강한 해양 생태계를 이루고 있어요. 이 중 하나라도 멸종을 통해 빠져나간다든가 인위적으로 적정 개체 수 이상이 유입된다든가 하면 그 균형이 깨져서 생태계의 중요한 구성원들이 모두 없어지는 불행한 사고로 이어질 수 있어요.

아마존 열대 우림을
벌채하는 이유는?

해양의 거대다시마 숲이 '지구의 아가미'라면 아마존의 열대 우림을 이루고 있는 삼림은 '지구의 허파'라고 할 수 있겠어요. 태양 빛을 받아 광합성을 통해 해양 생태계에 산소를 공급해 주는 것이 거대다시마 숲이라면 아마존의 열대 우림은 육지 생태계의 산소 공급에 가장 큰 기여를 하지요.

그런데 아마존 인간 환경 연구소의 보고에 의하면 하루에 무려 축구장 3천 개에 해당하는 면적의 열대 우림이 사라지고 있다고 해요. 아마존의 삼림이 지구 생태계에 중요한 역할을 하는데 왜 아마존 숲은 지금 이 순간에도 계속 사라지고 있을까요? 그 이유는 값진 모피를 위해 미국 서부 해안에서 해달이 사냥되었던 것과 같아요. 바로 인간의 욕심 때문이지요.

브라질에서는 소를 키우기 위해 아마존 열대 우림을 벌채합니다. 이러한 소 목장을 조성하기 위한 벌채는 아마존 열대 우림 전체 벌채량의 80%에 달하고, 지구 전체에서 일어나는 삼림 훼손의 약 15%에 해당한다고 해요. 그야말로 아

아마존 열대 우림을 소 목장의 확장과 농업을 위해 마구 벌채하고 있다. 2021년 열린 유엔 기후 변화 협약 당사국 총회에서 브라질은 삼림 벌채를 2024년까지 15% 줄이고, 2028년에는 완전히 없애겠다고 발표했으나 약속을 이행하지 않고 있다. 사진 shutterstock 제공 ⓒTarcisio Schnaider

마존 열대 우림 생태계뿐 아니라 앞으로 다루게 될 지구 온난화 등 지구의 환경에 큰 영향을 미치고 있는 현재 진행형 사건이라고 할 수 있어요. 소 목장 조성 이외에도 바이오디젤, 사료 등을 생산하는 데 필요한 콩밭을 만들기 위해, 또 목재를 얻기 위해서도 대규모 벌채가 아마존 열대 우림에서 일어나고 있어요.

그렇다면 이러한 벌채, 즉 대형 수목의 제거는 열대 우림 생태계에 어떠한 영향을 미칠까요? 대형 수목을 삶의 터전으로 삼고 있는 많은 조류와 소형 포유류, 파충류 들이 살 곳을 잃어 멸종하게 될 거예요. 좀 더 작은 스케일로 살펴보면 낙엽이 되어 떨어졌던 열대 우림 나무 잎사귀를 분해하면서 살아 나갔던 균류, 이들을 먹고사는 작은 곤충들, 곤충들을 주식으로 삼던 개구리 등의 양서류도 숲이 사라진 곳에서는 더 이상 살지 못하게 될 것이 자명합니다.

벌채에 의해 대형 수목이 사라지면 대기 중의 이산화 탄소를 광합성을 통하여 포집하는 것이 어렵게 돼요. 또한 벌채 과정의 부산물로 나오는 목재 폐기물이 분해되는 과정과 연료로 사용되는 목재가 연소되는 과정에서 다량의 이산화 탄소가 발생하지요. 그러니까 벌채는 이산화 탄소 포집을 어렵게 만듦과 동시에 이산화 탄소 발생까지 일으킵니다.

이 책의 후반부에서 다루겠지만 대기 중의 이산화 탄소는 온실가스로 작용하여 지구 온난화 및 기후 변화를 일으켜 아마존 열대 우림뿐 아니라 지구 다른 곳의 생태계에도 영향을 미칩니다. 즉, 아마존 열대 우림에서 대형 수목의 개체 수 변화는 아마존 생태계뿐 아니라 지구 반대쪽 우리나라의 생태계에도 영향을 미친다는 것이지요. 평균 기온 상승으로 인한 우리나라 고산 지대 기후 변화 민감 생물들의 멸종에도, 넓게 보면 아마존 열대 우림의 대형 수목 개체 수 변화가 적지 않은 영향을 미쳤다고 할 수 있습니다.

아마존 원주민들은 자신들의 땅에서 평화롭게 살고 싶다. 원주민들은 열대 우림 벌채 현장을 적극적으로 고발하며, 기업들의 탐욕에서 땅을 보호해 달라고 전 세계에 호소하였다.
사진 Pixabay 제공 ⓒeismannhans

지구를 휩쓴 다섯 차례의 대멸종

2장

지옥처럼 뜨거운
초창기 지구

지구의 수십억 년 역사 동안 많은 생물이 지구 위에서 생존하다가 멸종으로 사라져 갔어요. 여러분이 좋아하는 중생대의 공룡, 고생대의 바닷속을 헤엄치던 여러 신기한 모양의 생물들 모두 지금은 찾아볼 수 없지요. 그동안 지구상에 있었던 다섯 번의 대규모 멸종을 통하여 약 99%의 생물이 사라졌다고 해요. 이제부터 간략하게 그 다섯 번의 대규모 멸종이 어떤 이유로 언제 일어났는지 알아볼까요?

첫 번째 대규모 멸종은 지금부터 4억 4천 4백만 년 전에 일어났어요. 그 당시가 지질학적인 연대기로 나눌 때 어떤 시기에 속하는지 잠시만 공부해 볼까요? 지구의 역사를 나누는 기준은 너무 복잡해서 자꾸 잊어버려요. 저도 다시 공부할 겸 정리해 보도록 할게요.

우선 지구의 나이가 45억 6600만 년 정도 되었다는 것을 들어 보았지요? 어떻게 그렇게 정확하게 알 수 있냐고요? 아주 좋아요. 그렇게 새롭게 궁금한 점이 생긴다는 것은 좋은 현상이에요. 그것이 과학책을 읽는 이유들 중의 하나이기도 하고요. 그렇지만 계속 꼬리에 꼬리를 무는 질문에 대답하다 보면 제 이야기가 너무 길어지게 되니 다른 책이나 인터넷 검색을 해 보도록 해요.

45억 6600만 년 전 지구가 태어난 후부터 40억 년 전까지를 '명왕누대(하데스대)'라고 하고, 40억 년 또는 38억 년 전부터 25억 년 전까지를 '시생누대'라고 불러요. 시생누대는 생명체들이 처음으로 만들어질 만큼 지구가 충분히 식게 된 시대예요. 바로 전의 명왕누대(하데스대)는 그리스 신화에 등장하는 지하 세계의 신인 하데스의 이름을 붙였을 정도로 지구가 지옥처럼 뜨거운 상태였거든요. 당연히 아무 생물도 살 수 없었지요. 시생누대 이후는 '원생누대'(25억 년 전부터 5억 4200만 년 전) 그리고 '현생누대'(5억 4200만 년 전 이후)로 나눌 수 있어요.

원생누대에 대해서는 다음에 다시 이야기하도록 하고요, 우선 현생누대에 대해서 자세히 살펴볼게요. 우리는 지금 생물의 대규모 멸종에 대해서 공부하는 중이니까 생물이 지구상에 많이 살게 된 현생누대에 대해 집중적으로 공부해 보아야겠지요.

자 여러분, 고생대, 중생대, 신생대에 대해서는 어느 정도

하데스는 그리스 신화에 나오는 지하 세계의 신이다. 초창기 지구는 지옥처럼 뜨거워 하데스 신의 이름을 붙여 '하데스대'라고 한다. 이 조각은 하데스가 대지의 여신의 딸 페르세포네를 납치하는 순간을 포착한 것이다. 베르니니 〈페르세포네의 납치〉 사진 shutterstock 제공 ⓒLEOCHEN66

들어 보았지요? 현생누대는 크게 고생대, 중생대, 신생대로 나눌 수 있어요. 고생대는 삼엽충이라는 생물이 많이 살던 시대, 중생대는 트라이아스기와 쥐라기, 백악기로 대표되는 여러분이 좋아하는 공룡이 살던 시대, 그리고 신생대는 지금 우리가 살고 있는 현재를 포함하는 시대 구분이라고 두루뭉술하게 알고 있을 거예요. 물론 모두 맞는 이야기이고 그 정도로 아는 것도 충분히 훌륭하지만 대규모 멸종을 공부하기 위해서는 좀 더 자세하게 이 지질 시대를 구분하면서 공부해 볼 필요가 있어요.

첫 번째 대규모 멸종은 4억 4천 4백만 년 전 오르도비스기의 끝에서 일어났어요. 오르도비스기는 고생대를 이루고 있는 6개의 기(캄브리아기, 오르도비스기, 실루리아기, 데본기, 석탄기, 페름기) 중에서 두 번째 기에 해당해요. 뭐라고요? 너무 복잡하다고요? 이들 지질 시대의 각 기들은 좀 더 자세하게 세분할 수 있지만 여기서는 이 정도로 할게요.

지질 시대 구분

누대	대	기	세	시기
현생누대	신생대	제4기	인류세	현재
			홀로세	1만 1700년 전
			플라이스토세	180만 년 전
		제3기	플라이오세	530만 년 전
			마이오세	2300만 년 전
			올리고세	3390만 년 전
			에오세	5580만 년 전
			팔레오세	6550만 년 전
	중생대	백악기		1억 4500만 년 전
		쥐라기		1억 9960만 년 전
		트라이아스기		2억 5100만 년 전
	고생대	페름기		2억 9900만 년 전
		석탄기		3억 5900만 년 전
		데본기		4억 1600만 년 전
		실루리아기		4억 4400만 년 전
		오르도비스기		4억 8800만 년 전
		캄브리아기		5억 4200만 년 전
원생누대				25억 년 전
시생누대				40억 년 전
명왕누대				45억 6600만 년 전

지구 냉각화로
시작된 대멸종 – 오르도비스기 대멸종

지구 역사상의 첫 번째 대규모 멸종은 4억 4천 4백만 년 전 고생대 오르도비스기 말에 일어났어요. 이때 지구상의 생물종 중 무려 85%가 멸종했다고 해요. 바닷속에서 살고 있었던 동물인 산호, 삼엽충과 필석의 많은 종들이 멸종했지요. 그 때문에 생물종 다양성이 급격하게 감소되었어요.

그렇다면 도대체 왜 이러한 오르도비스기 말의 대멸종이 일어나게 된 것일까요? 여러분이 짐작하는 대로 기후 변화가 원인이었어요. 지금은 지구 온난화가 문제가 되지만 오르도비스기 말에는 오히려 지구 냉각화 때문에 이러한 대멸종이 시작되었어요. 지각 활동의 변화에 의해 남극에 빙하가 잔뜩 생기며 해수면이 낮아진 것이지요. 바다에 얼음이 많이 생기면 당연히 바닷물의 양이 줄어들겠지요? 그 때문에 얕은 바다에 살던 많은 해양 생물이 멸종하게 되었어요. 그들이 살던 환경이 해수면이 낮아지면서 물 밖으로 노출되고 만 거예요.

오르도비스기 말에 찾아온 지구 냉각화는 곧이어 갑자기

빙하가 없어지면서 찾아온 지구 온난화, 바닷물 속의 산소 농도 감소, 그리고 독성이 있는 황 화합물의 방출에 의한 복합적인 지구 환경 변화로 이어지게 되고 이는 또 다른 대멸종을 일으키게 되지요. 지구는 참 변덕스럽기도 하지요? 냉각화에 의해 차가워졌다가 다시 또 온난화에 의해 덥혀지니 말이에요. 물론 그 주기는 십만 년도 훨씬 넘을 정도이니 기껏해야 백 년도 못 사는 우리 인간이 변덕스럽다고 이야기할 수는 없겠지만요.

이렇게 변화무쌍한 기후 변화 때문에 닥쳐온 첫 번째 대규모 멸종에서 살아남고, 멸종 이후의 생태계가 새로 만들어지는 데 큰 도움을 준 생물이 있어요. 그 생물은 바로 해면동물이에요. 해면동물이 뭐냐고요? 영어 이름으로는 스펀지(sponge), 주방에서 설거지를 할 때 사용하는 스펀지와 같이 생긴 생물이에요. 만화 캐릭터 '스폰지밥'으로 잘 알려진 해면이 바로 이 해면동물의 대표적인 종이에요.

해면동물은 오르도비스기 말의 대멸종에서 살아남아 다른 생물 계통군이 살아남는 데 도움을 주게 되지요. 해면동물이 죽어서 스펀지와 같은 몸이 분해되면서 바다에 침전물로 가라앉아 지금의 조개류와 비슷하게 생긴 완족류, 성

해면동물은 다세포 동물이지만 소화계, 배설계, 근육, 신경계 등이 분화되지 않아 다세포 동물 중 가장 하등한 동물이다. 전 세계 약 15,000종이 있다. 사진 shutterstock 제공 ⓒJohn A. Anderson 사진(동그라미) Unsplash 제공 ⓒRob Schouten

게와 같은 극피동물, 산호 들이 쉽게 정착할 수 있는 환경을 만들어 주었어요. 여기서 알 수 있듯이 대멸종에서도 살아 남은 몇몇의 생물종이 대멸종 사건 이후의 새로운 생태계를 구성하는 데 큰 역할을 해요. 그렇지 않다면 다섯 번의 대규 모 멸종을 경험한 지구는 거의 생물을 찾아볼 수 없는 상태가 되었을 테니까요.

빽빽한 고사리 숲에서
어떤 일이 일어났을까? – 데본기 대멸종

 두 번째 대규모 멸종은 3억 6천만 년 전 고생대 데본기의 후반부에 찾아왔어요. 첫 번째 대규모 멸종이 있은 후 8천만 년 정도가 지난 다음이에요. 지구는 데본기에 접어들면서 오르도비스기 말의 대규모 멸종을 극복해 내고 다시 많은 생물이 살 수 있게 되었지요. 땅에는 식물과 곤충이 번창하고 바다에는 산호가 다시 번성해서 얕은 바다에는 산호초가 생겨났어요. 유라메리카와 곤드와나라는 두 대륙이 지각 이동에 의해 합쳐지면서 판게아라는 거대한 하나의 대륙이 만들어졌지요.

 하지만 이렇게 찾아온 지구상의 생물 다양성도 또다시 찾아온 두 번째 대규모 멸종을 피할 수 없었어요. 이번에도 첫 번째 대규모 멸종과 마찬가지로 바다 생물이 큰 영향을 받았지요. 이때 가장 많이 멸종한 생물은 완족류, 삼엽충 등이에요.

 두 번째 대규모 멸종의 이유는 무엇일까요? 여러 가지 학설이 있지만 가장 대표적인 것은 역시 기후 변화. 이번에도 지구 냉각이에요. 왜 이러한 기후 변화가 생겼을까요? 역설적이게도 이러한 기후 변화는 진화에 의해 유발된 생물의 다양성에 기인한 것으로 생각돼요. 다양한 생명체가 지구상에 출현했지만 긴 시간이 지나고 나니 오히려 그렇게 새로 출현한 생명체가 기후 변화를 유발시켜 또 다른 대규모 멸종, 생물 다양성의 감소를 가져오게 된 것이지요.

오르도비스기 이후 육상 식물은 대부분 이끼 정도였지만 데본기에 들어 이들이 뿌리와 물관을 갖춘 커다란 육상 식물로 진화했어요. 양치식물, 석송 등이 크게 번창하면서 거의 숲과 같이 지상을 빽빽하게 메우게 됐어요. 여러분이 야외에서 흔히 볼 수 있는 고사리와 같은 양치식물이 커다랗게 자라서 빽빽한 숲을 만든 장면을 상상해 보세요. 이렇게 양치류가 번성한 지구에는 어떤 일이 일어났을까요? 이들 양치식물도 현대의 나무와 같은 고등식물처럼 광합성을 하는 식물이기 때문에 지구 대기의 이산화 탄소를 빠르게 고갈시키게 됩니다.

혹시 기억 못 하는 독자들이 있을까 봐 말씀드릴게요. 광합성은 공기 중의 이산화 탄소를 식물이 태양의 빛 에너지를 이용해 고정시켜 탄수화물을 만드는 과정입니다. 그러

양치식물은 '포자로 번식하는 관다발 식물'을 말한다. 꽃과 종자 없이 번식하기 때문에 꽃이 피지 않는 식물(민꽃식물)이라고 한다. 고생대부터 지금까지 출현과 멸종을 거듭하면서 진화한 가장 오래된 식물이다. 사진 Pixabay 제공 ⓒalsterkoralle

니까 그동안 지구상에서 경험해 보지 못했던 대규모의 광합성이 일어나서 지구 대기의 이산화 탄소가 갑자기 부족하게 된 것이지요. 과학자들의 계산에 따르면 현재 지구상에 존재하는 이산화 탄소량의 1/15부터 1/3 정도까지 줄어들었다고 하네요.

게다가 풍화 작용에 의해 암석이 부서지면서 규산염이 노출되었는데, 땅 위의 규산염이 대기 중의 이산화 탄소와 반응하면서 탄산의 형태로 물에 녹아 들어갔어요. 연체동물이나 산호와 같은 동물은 이 바닷물에 녹은 탄산을 다시 탄산칼슘의 형태로 만들어 자신들의 딱딱한 껍질을 만드는 데 사용했지요. 이러한 식물의 광합성과 광물에 의한 대기 중 이산화 탄소 농도의 감소는 지구의 온도를 낮추게 했어요. 왜냐하면 이산화 탄소는 지구의 온도를 올릴 수 있는 온실가스 중의 하나이기 때문이에요.

물론 이러한 지구 냉각 이외에도 초신성 폭발로 유발된 지구 오존층 파괴에 따른 자외선 유입이나 화산 활동에 의한 영향도 있었다고 해요. 이것도 역시 학자들 사이에 의견이 분분하지요. 아주 오래전의 일을 화석과 같은 간접적인 증거로 예측하는 것이라 데이터를 해석하는 관점에 따라 서로 다른 의견이 있을 수 있어요. 과학은 이렇게 서로 다른 의견을 가진 과학자들의 토론에 의해서 발전하지요.

이러한 두 번째 대규모 멸종을 통해 데본기 후기에 약 75% 정도의 생물종이 지구상에서 사라지게 되었어요. 그런데 대멸종은 종종 뜻하지 않은 결과를 가져오기도 합니다. 데본기 후기 대멸종 기간 동안 바다의 산소가 급격히 감소해서 죽은 생물들이 잘 부패되지 못했어요. 남은 유기물이 산호초에 존재하는 다공성의 광물과 결합하여 석유로 변해 북미 지방에 엄청난 양이 매장되었지요.

생물의 사체와 같은 유기물이 부패하려면 산소가 필요해요. 산소와 결합하는 과정 즉 산화가 이루어져야만 생명체의 몸을 구성하는 탄소 원자가 이산화 탄소로 완전히 산화되어 분해될 수 있어요. 3억 6천만 년 전에 있었던 대멸종 과정에서 바다의 산소가 모자랐던 탓에 석유가 만들어져 후세의 인류가 덕을 보는 경우라고 할 수 있겠네요.

가장 많은 생물종이
사라진 멸종은? - 페름기 대멸종

　세 번째 대규모 멸종은 2억 5천 190만 년 전 고생대의 마지막 기인 페름기 말에 발생했어요. 이 대규모 멸종은 '페름기-트라이아스기 대멸종' 또는 '거대한 죽음'이라고 불리기도 해요. 이 페름기 말 대멸종은 지구상에서 다섯 번 있었던 대멸종 사건 중에서 가장 많은 생물종이 자취를 감추게 된 제일 큰 규모의 멸종이에요. 그야말로 대규모 멸종 중의 대규모 멸종이라고 할 수 있지요. 지구상의 약 96% 정도의 생물종이 이 페름기 말 대멸종 때 사라지게 되었어요. 이 대멸종 사건은 고생대의 마지막 기인 페름기와 중생대의 첫 기인 트라이아스기를 나누는, 즉 고생대와 중생대를 나누는 기준이 될 정도로 큰 사건이었지요.

　좀 더 자세히 들여다보자면 페름기 말 대멸종 때 바다 생물종의 90%, 육상 척추동물의 70% 이상이 멸종했다고 하네요. 그전까지 번성하였던 곤충들의 멸종도 이때 가장 많이 일어났어요. 무엇이 이러한 엄청난 멸종을 일으키게 되었을까요? 역시 너무 오래전의 일이라 과학자들이 명확한 원인을 밝히기는 쉽지 않지만 기후 변화 때문이라는 의견이 가장 설득력이 있습니다. 현재 시베리아 지역의 활발한 화산 활동에 의해 이산화 탄소와 황화 수소가 대기 중으로 쏟아져 나왔고 이로 인한 산성비, 바닷물의 산성화 때문에 생태계의 환경이 완전히 변하게 되었지요.

페름기 말 대멸종으로 인해 바다전갈 종류는 모두 멸종했고, 두 번의 대멸종을 겪으면서 간신히 두 속만 살아남은 삼엽충 무리도 세 번째 대멸종을 맞아 지구상에서 완전히 사라졌어요. 극어류라고 불리는, 현재 연골어류인 상어와 닮았지만 경골어류의 특징인 비늘을 가지고 있는 신기한 물고기 종류도 이때 모두 멸종하였어요. 조개껍질 안에 살고 있는 달팽이같이 생긴 재미있는 생명체인 암모나이트도 거의 대부분 이때 멸종하였고요.

또한 땅 위에서도 지구상에서 살았던 곤충 중 가장 몸집이 컸던 곤충들이 이때 사라졌어요. 곤충 목(目)이 열 목 가까이 멸종하고 나머지 열 목에 속한 곤충들도 다양성이 엄청나게 줄어들었다고 해요. 목 분류 단위 아래에 과(科), 과 아래에 속(屬), 속 아래에 종(種)이 있으니 한 목 안에 얼마나 많은 종의 곤충이 있었는지 대충 짐작이 가지요?

조개껍질 안에 살고 있는 달팽이같이 생긴 재미있는 생명체인 암모나이트도 거의 대부분 페름기 대멸종 때 멸종하였다. 암모나이트 화석. 사진 unsplash 제공 ⓒGabi Scott

삼엽충은 고생대를 '삼엽충 시대'라고 할 정도로 고생대를 대표하는 생물이다. 워낙 번성한 동물이라서 생활 방식도 다양하며 지구상에 가장 먼저 나타난 해양 절지동물이다.
사진 Pixabay 제공 ⓒPublicDomainPictures

화산 폭발 때문에
대멸종이 일어났을까? - 트라이아스기 대멸종

　자, 이번에는 다음 차례의 대규모 멸종을 알아볼까요? 너무 멸종 이야기만 하니까 암울하다고요? 역설적이지만 사실 대규모 멸종은 새로운 종들이 등장하는 희망적인 과정이기도 해요. 페름기 말 대멸종이 지나고 난 후 드디어 지구의 지질 시대는 중생대로 바뀌게 되어요. 중생대의 첫 기가 바로 트라이아스기이지요. 그래서 페름기 말 멸종을 페름기-트라이아스기 대멸종이라고도 부르는 거예요. 고생대의 마지막 기인 페름기와 중생대의 첫 번째 기인 트라이아스기를 나누는 기준이 되는 대멸종이라는 뜻이지요.

　중생대의 첫 기인 트라이아스기가 시작되자 바닷속에는 페름기의 대표 종들 대신 소라류, 성게, 이매패류(조개구이집에서 많이 구워 먹는 가리비나 해물 칼국수에 들어 있는 바지락과 같은 껍질이 두 개인 조개류를 이매패류라 해요)가 번성하게 되고, 현재 가장 대표적인 어류인 경골어류가 바다의 주인공으로 자리 잡게 되지요. 여러분의 식탁에 오르는 생선 중 연골어류인 가오리나 홍어 정도를 제외한 생선은 거의 전부

경골어류예요. 조기강이라는 분류 체계로 분류되는 뼈가 딱딱한 경골어류는 현재 지구상의 모든 척추동물 종의 약 절반가량을 차지합니다. 이러한 조기강에 속하는 물고기들의 폭발적인 종 분화가 페름기 말 대멸종이 지나고 난 후 중생대의 첫 기인 트라이아스기에 일어나게 돼요.

참, 조기강은 여러분의 식탁에 오르는 조기(조기를 말리면 굴비) 때문에 붙여진 이름이 아니고 條(가지 조)·鰭(지느러미 기), 즉 나뭇가지처럼 방사형으로 뻗은 지느러미 모양을 따서 이름을 붙였어요. 여러분이 주변에서 보는 거의 대부분의 물고기가 조기강에 속한다고 생각하면 돼요(가오리, 상어 등의 연골어류와 실러캔스 같은 고대 어류는 제외).

물속에서는 조기강의 경골어류가, 땅 위에서는 중생대 하면 생각나는 동물인 공룡이 번성하고 포유류의 조상도 조금씩 나타나기 시작했어요. 바닷속에서도 어류뿐 아니라 마치 돌고래 같은 겉모습을 가진 파충류도 등장했어요. 흔히들 우리가 중생대 하면 상상하게 되는, 그리고 〈쥐라기 공원〉 등의 영화를 통해 보았던 많은 중생대 생물들이 본격적으로 나타나기 시작한 시대가 바로 트라이아스기이지요.

자, 그렇다면 네 번째 대규모 멸종인 트라이아스기 말 대멸종은 어떻게 일어나게 되었을까요? 물론 트라이아스기 말 대멸종을 일으키게 된 이유에 대해서도 여러 가지 설명이 있어요. 유성 같은 외계로부터 온 거대한 물질이 지구에 떨어져서 그랬을 것이라고 주장하는 학자들도 있지요. 점진적인 기후의 느린 변화도 대규모 멸종에 중요한 역할을 했을 것이라 생각하는 사람들도 많아요. 예를 들면, 그전까지는 지구에서 보기 힘들었던 계절의 변화, 즉 오랜 건기와 폭우기가 반복되는 기후 현상이 이때 시작되었거든요.

하지만 가장 널리 받아들여지는 트라이아스기 말 대멸종의 이유는 해저의 화산 폭발이에요. 중앙 대서양 마그마 지역이라고 부르는 곳에서 화산 대폭발이 2억 년 전에 시작되어 무려 60만 년 동안 간헐적으로 계속되었어요. 600만 세제곱 킬로미터라는 엄청난 부피의 용암이 지각 위로 쏟아져 나와 지각의 대변동을 일으켰지요. 그 결과 판게아 대륙이 쪼개져 현재의 대서양이 만들어지고 거대한 양의 용암이 현재의 아프리카 북서부, 유럽 남서부, 남아메리카 북동부와 북아메리카 남동부에 해당하는 넓디넓은 지역에 쌓여 독특한 지형을 만들게 되었어요. 이 정도의 대규모 화산 폭발은 과연 지구의 기후와 생물들에게 어떤 영향을 미쳤을까요?

뉴질랜드 화산. 대규모의 화산 폭발에 의해 대기 중 이산화 탄소 농도가 급격히 높아져 온실가스로 작용하여 지구 온난화가 찾아온다. 사진 Pixabay 제공 ⓒJulius_Silver

네, 여러분이 예상하였듯이 대규모의 화산 폭발은 급격한 대기 중의 이산화 탄소 농도 상승으로 이어졌지요. 트라이아스기 말 멸종이 있기 전의 대기 중 이산화 탄소 농도는 1,000ppm 정도였는데 이 수치가 1,300ppm까지 급증하였어요. 어떤 학자들의 의견에 따르면 2,000ppm 이상까지 올라갔다고 해요. 이것은 현재 대기 중의 이산화 탄소 농도의 다섯 배에 해당하는 거예요. 대기 중의 이산화 탄소는 역시 온실가스로 작용하여 지구 온난화를 가속화시켰어요.

온난화가 점점 진행되면서 기후는 더 습해지고 폭풍우, 번개 활동이 늘어나면서 산불도 많이 일어났어요. 육지의 온도는 급상승하고 바닷물에도 이산화 탄소가 많이 녹아 들어가면서 산성화가 진행되어 많은 바닷속 생물들이 살기에 적합하지 않은 환경으로 변했지요. 그래서 트라이아스기 말 약 100만 년이라는 짧은(?) 시간 동안 바닷속의 조개류, 산호, 거대한 파충류 등 지구상 생물종의 80% 정도가 멸종하였어요.

하지만 지구 온난화만으로는 트라이아스기 말의 대규모 멸종을 설명하기에는 부족하여 과학자들은 다른 멸종의 원인을 찾으려고 노력했어요. 해양 생물이 멸종한 것은 지구 온난화와 해양 산성화, 해양의 산소 부족 등으로 설명할 수 있지만 트라이아스기에 번성한 육지의 대형 파충류의 멸종은 온난화만 가지고는 설명하기 힘들었거든요.

최근 연구자들은 트라이아스기 말에 있었던 지구 냉각화에 주목했지요. 당시에는 정말 지구 온난화만 있었던 것이 아니라고 해요. 이때 화산 활동을 통해 이산화 탄소 이외에 이산화 황 가스도 같이 분출되었어요. 대기 중의 이산화 황 가스는 수증기와 결합하여 황산 에어로졸(연무)을 만들게 되고 이것은 태양 빛을 막고 오존층의 붕괴를 일으켜 지구 냉각화를 일으켰어요. 이산화 탄소에 의한 지구 온난화는 지구 전체에 걸쳐 오랫동안 일어났지만 이러한 이산화 황 가스에 의한 지구 냉각화는 주로 극지방에서 간헐적으로 10년 이상씩 지속되었어요. 이러한 현상을 '화산 겨울'이라고 불러요.

이러한 이유로 인해 깃털 등으로 무장하지 못한 거대 파충류는 멸종하고 추위에 적응한 공룡만 살아남았다고 해요. 혹시 공룡을 좋아하는 독자 여러분은 알고 있나요? 가장 대표적인 공룡인 티라노사우르스 렉스의 경우 상상도나 영화에서 예전에는 깃털이 있는 모습으로 표현되지 않았지만 최근에는 깃털이 있는 모습으로 자주 그려지고 있다는 사실 말이에요. 현재 지구상에서 살고 있는 모든 파충류가 깃털이나 털이 없기 때문에 예전의 고생물학자들은 공룡이 깃털이나 털을 가지고 있었으리라고는 쉽게 상상하지 못했어요. 하지만 공룡들의 일부가 깃털이나 털로 무장하여 추운 온도를 견딜 수 있었을 것이라는 이론이 지금은 거의 정설로 굳어졌어요.

〈쥐라기 월드〉라는 〈쥐라기 공원〉 영화 시리즈의 마지막 편을 보면 눈이 내린 추운 환경에서 깃털을 가지고 살고 있는 공룡이 나오지요. 지금까지 상상했던 열대 지방의 고온 다습한 환경에서만 공룡이 살았다는 고정 관념을 깬 장면이었어요. 지난 수십 년 동안 보았던 공룡이 나오는 영화에서 거의 대부분의 공룡은 열대 우림과 같은 고온 다습한 환경에서 살아가는 것으로 묘사되었죠. 그런데 꽁꽁 언 호수 위를 달리고 차가운 얼음물에서 수영을 하는 깃털로 무장한 공룡의 모습은 참 신선한 충격이었어요. 그동안 상상했던 공룡의 모습보다는 이빨로 무장한 무섭고 커다란 새의 모습에 가까웠지만요.

참, 앞에서 '깃털 등으로 무장하지 못한 거대 파충류는 멸

공룡 공원의 공룡들. 공룡은 열대 지방의 고온 다습한 환경에서도 살았지만, 눈이 내린 추운 환경에서도 깃털을 가지고 살았다.
사진(위) Pixabay 제공 ⓒJerzyGorecki 사진(아래) shutterstock 제공 ⓒDeStefano

종하고 추위에 적응한 공룡만 살아남았다'는 문장이 혹시 이 상하게 들리나요? 중생대에 살던 커다란 파충류가 모두 공룡인 것은 아닙니다. 공룡은 당시에 지구를 지배하던 파충류의 일부에 지나지 않았어요. 트라이아스기에 번성한 파충류를 지배 파충류라고 부릅니다. 공룡도 지배 파충류의 일부이고 현재 살아 있는 종류로는 악어와 새가 지배 파충류에 속해요. 뭐라고요? 새(조류)가 파충류라고요? 네, 맞아요. 엄밀한 분류에 의하면 조류는 현재까지 살아남은 지배 파충류의 한 분류군입니다.

트라이아스기에 가장 번성하였던 지배 파충류는 현대 악어의 조상에 해당하는 녀석들이었습니다. 이들은 트라이아스기 말 대규모 멸종 시에 거의 멸종하고 공룡이 주로 살아남게 되었지요. 이렇게 살아남은 공룡들은 트라이아스기 다음인 쥐라기와 백악기에 전성기를 맞아 지구를 지배하게 됩니다.

운석이 떨어져서
공룡이 멸종되었을까? – 백악기 대멸종

이제 지구 역사상 마지막 대멸종인 다섯 번째 대멸종에 대하여 알아볼까요? 아마도 가장 잘 알려진 대멸종이 이 중생대 백악기 말의 대멸종일 것입니다. 많은 상상화를 통해서도 이 장면은 익숙하지요. 커다란 운석이 떨어져서 지각의 대변동과 화산 폭발이 일어나고, 화산재로 뒤덮인 지표의 식물들이 말라 죽고, 연기와 연무로 뒤덮인 어두운 하늘 아래서 괴로워하고 있는 공룡의 모습을 많이 보았지요?

이 사건은 트라이아스기 말 대규모 멸종과 유사한 상황이었지만 그보다는 훨씬 더 심각한 지구 냉각 현상을 동반했어요. 트라이아스기 말에 멸종한 다른 파충류보다 추위에 강해서 네 번째 멸종에서 살아남았던 공룡들도 모두 사라지게 되었으니까요.

좀 더 정확하게 말하면 하늘을 날지 못하는 공룡은 모두 멸종했어요. 하늘을 나는 공룡이 무엇이냐고요? 현재의 새, 즉 조류지요. 현재 지구의 하늘을 점령하고 있는 조류는 분류학적으로 공룡으로 인정되고 있어요. 백악기 말의 대규모

영국 런던 자연사 박물관을 들어서면 보이는 대왕고래 뼈. 100년이 넘는 시간 동안 디플로도쿠스 공룡 화석 복제품이 전시되어 있었으나, 진품 전시를 하기 위해 2017년 이후 대왕고래(흰긴수염고래)의 실제 골격으로 변경되었다. 자연사 박물관에서는 다양한 공룡, 수많은 동식물 표본 등을 볼 수 있다. 사진 Pixabay 제공 ⓒWaid1995

멸종에 육상 공룡은 모두 멸종하고 하늘을 나는 공룡, 즉 조류의 조상들만 살아남았지요.

아직 모든 학자들이 100% 동의하지는 않지만 커다란 공룡은 피가 따뜻한, 즉 온혈 동물이라는 의견이 지배적이에요. 우리가 학교에서 배운 상식에 따르면 척추동물 중 어류, 양서류, 파충류는 냉혈 동물, 조류와 포유류는 온혈 동물이라고 알고 있지요? 하지만 여러 가지 화석의 증거를 통해 대부분의 고생물학자들은 거의 모든 공룡이 온혈 동물이었다고 주장하고 있어요.

그렇다면 온혈 동물과 냉혈 동물을 나누는 기준은 무엇일까요? 피가 따뜻하거나 차갑다는 기준만으로 단순하게 구분할 수 있는 것은 아니에요. 맞아요, 바로 이화 작용, 즉 음식물을 먹어서 분해하여 발생하는 열로 직접 체온을 증가시키는 동물은 온혈 동물이고, 외부 환경의 온도에 의지해서 자신의 체온을 유지하는 동물은 냉혈 동물이에요.

봄을 맞아 새로 우화한 나비가 따뜻한 양달에 앉아서 햇볕으로 몸을 데우는 이유, 집에서 애완동물로 키우는 도마뱀에게 따뜻한 백열전등이 필요한 이유가 바로 이들은 외부에서 열에너지를 받아야만 하는 냉혈 동물이기 때문이에요.

물론 냉혈 동물도 음식물이 대사 과정에 의해 분해될 때 발생하는 열, 즉 대사열을 가지고 있지만 온혈 동물처럼 그렇게 활발하게 대사를 하지 않기 때문에 상대적으로 대사열이 낮은 것이지요. 냉혈 동물의 전형적인 예인 뱀은 일주일에 한 번 정도밖에 식사를 하지 않아요. 그렇기 때문에 상대적으로 하루 세 끼 밥을 먹는 우리보다 대사열이 낮아 냉혈 동물로 분류되지요.

공룡이 온혈 동물인지 냉혈 동물인지에 대해서는 고생물학자들 사이에도 많은 논란이 있어 왔어요. 공룡의 온혈 동물 설을 지지하지 않는 학자들도 공룡의 피는 현재 지구상에 생존하는 뱀이나 도마뱀과 같은 파충류의 피보다는 따뜻할 것이라는 의견에 대부분 동의했어요. 공룡이 다른 온혈 동물처럼 대사열을 이용하여 능동적으로 체온을 유지하기보다는 '거대한 덩치'로 인해 저절로 체온이 따뜻하게 유지되었다고 생각한 것이지요. 무슨 이야기냐고요? 커다란 공룡들은 덩치가 크기 때문에 표면적 대비 체적의 비율이 높아서, 피부를 통하여 외부로 뺏기는 열의 양보다 세포 안에서 대사 과정을 통해 만들어지는 열의 양이 많기 때문에 상대적으로 작은 동물보다 높은 온도를 유지할 수 있었다고 생각했던 거예요.

물론 공룡이 상대적으로 큰 덩치를 이용하여 체온을 높게 유지할 수 있었던 것도 사실이지요. 하지만 최근 몇몇 고생물학자들은 화석에서 공룡의 대사 과정의 산물들을 조사한 결과를 통해 실제로 공룡이 온혈 동물에 가까운 성질을 가지고 있었다고 발표했어요. 공룡이 물질대사를 활발하게 수행하여 이때 발생하는 대사열을 이용하여 능동적으로 체온을 높였다는 거지요.

이야기가 잠깐 옆으로 새어 나갔는데 다시 공룡의 멸종 이야기로 돌아올게요. 비록 공룡은 트라이아스기 말에 멸종한 다른 파충류들보다는 추위에 강했지만 백악기 말에 찾아온 강력한 지구 냉각화에 의한 추위는 견디지 못했어요. 또 백악기 말 대멸종 때 땅 위의 식물들도 60% 가까이 멸종했어요. 식물이 없어지니 식물을 먹고사는 초식 공룡도 살 수 없었고, 초식 공룡을 잡아먹어야 체온을 유지하고 살아 나갈 수 있는 대형 육식 공룡도 살아남을 수 없는 환경이 되었지요.

백악기 말 대멸종을 일으킨 주된 원인은 바로 거대한 운석의 지구 충돌이었어요. 지름이 10㎞에서 15㎞에 이르는

지구 주변에는 조그만 암석들이 떠 있다. 지구가 태양을 공전하면서 암석 조각에 가까워지면 이들은 지구의 중력에 이끌려서 떨어지는데 대부분 빛을 내며 타 버리지만 크기가 큰 암석은 지면에 충돌한다. 이를 운석이라고 한다. 사진 shutterstock 제공 ⓒburadaki

거대한 운석이 6600만 년 전 현재 멕시코 유카탄 반도의 칙술루브 지역에 떨어진 거예요. 이러한 운석의 충돌은 일본의 히로시마와 나가사키에 떨어진 원자 폭탄의 10억 배에 해당하는 충격을 지구에 주었다고 해요. 잘 상상이 안 가는 너무나 큰 숫자지만 100테라 톤(1테라 톤은 10의 12승 톤)의 트라이나이트로톨루엔(TNT)이 폭발하는 것과 같은 에너지가 쏟아져 나온 거예요. 정말 엄청나지요?

이때 몇 시간 동안 짧지만 강력한 에너지를 가진 적외선이 쏟아져 나와 주변의 생물들을 다 태워서 없애 버렸어요. 떨어진 운석과 비교적 가까운 거리에 있던 생물들은 이렇게 직접 운석이 충돌할 때 발생한 높은 열에 의해 순식간에 타 죽었지만, 지구 다른 곳에 있던 생물들은 좀 더 오랫동안 고통을 받으며 천천히 죽어 갔어요. 왜 그런 일이 일어났을까요?

역시 운석 충돌로 생겨난 기후 변화 때문이지요. 이 운석은 탄화수소와 유황을 많이 가지고 있는 탄산염 암석 주변에 부딪히게 되었고, 그 결과 엄청난 양의 이산화 탄소와 황화 수소가 대기로 방출되었어요. 이때 대기 중에 생성된 먼지구름은 햇볕을 차단하여 일부 지역의 해수면 온도가 7℃

까지 떨어지고 지상의 온도는 거의 영하에 이르렀다고 해요. 과학자들의 추측에 의하면 이러한 지구 냉각 현상이 적어도 3년 이상 계속되었어요.

햇볕이 차단되어 광합성에 의존하는 식물과 식물성 플랑크톤이 전멸하고 그에 이어서 초식 동물과 포식자인 육식 동물이 멸종하였지요. 또한 대기 중의 이산화 탄소와 황화 수소는 산성비를 내리게 하여 탄산 칼슘으로 껍질을 만들어야 하는 조개와 같은 많은 해양 생물이 멸종하게 되었어요. 그야말로 지구 전역에 걸쳐서 여러 생태계의 수많은 생물이 짧은 시간에 동시다발로 전멸했습니다.

다섯 번째 대규모 멸종 이후 지구상에는 어떤 일이 일어났을까요? 중생대를 지배하던 공룡과 기타 다른 생물들이 대부분 멸종하고 난 후 새로운 생명체들이 진화를 통해 태어났어요. 그들 중 가장 주목할 만한 생물은 우리 인류의 조상이 되는 포유류입니다. 백악기 말 멸종 이후 포유류는 공룡이 멸종하면서 비워 둔 생태학적 틈새를 메꾸기 위해 빠르게 진화하여 여러 종의 다양한 포유류가 등장했어요.

만약 운석 충돌에 의한 백악기 말의 대규모 멸종이 없었다면 인류가 지구에 태어날 수 있었을까요? 역사에 대한 경구 중 가장 유명한 것으로 "역사에 가정법, 즉 만약은 없다." 라는 말이 있기는 합니다만 한번 상상해 보자고요. 만약에 다섯 번째 대멸종이 없었다면 현재 지구에 어떤 생물이 살고 있을까요?

SF 영화에 나오는 것처럼 공룡으로부터 진화한 높은 지능을 가진 인간형 직립 보행 파충류가 문명을 발전시키며 살고 있을까요? 파충류가 이룩한 문명은 과연 어떤 모습일까요? 흔히 영화에서 표현되는 것처럼 냉혈 동물인 파충류에서 진화한 높은 지능을 가진 생명체는 차갑고 인정이 없는 성격일까요? 아 참, 공룡은 냉혈 동물이 아니고 온혈 동물이라고 했지요? 따뜻한 성격을 가진 깃털로 뒤덮인 온혈 파충류가 문명을 이루며 살고 있는 지구는 어떤 모습일까요? 맞다! 앞에서 깃털을 가진 온혈 파충류는 현재의 조류라고 말씀드렸지요. 그렇다면 하늘을 나는 새 형 인류가 지구를 지배하고 있으려나요? 재미있는 상상이지요?

깃털을 가진 공룡의 몇 종류가 백악기 대멸종을 견뎌 내고 살아남아 현재의 조류로 진화했다. 조류가 공룡의 후예라는 분자 생물학적 증거 또한 발표되었다. 공룡은 사라지지 않았다. 우리가 자주 먹는 닭이나 길에서 마주치는 비둘기로 진화하여 우리 곁에 있다. 사진 unsplash 제공 ⓒWolfgang Mennel

우리가 몰랐던 산소 대학살 멸종

고세균

산소

3장

미생물의
세 가지 역할

    지금까지 지구에서 있었던 다섯 번의 대규모 멸종을 순서에 따라 하나씩 살펴보았어요. 다섯 번의 대규모 멸종 사건 모두 대형 생물, 즉 맨눈으로 충분히 관찰할 수 있는 동물이나 식물의 멸종을 주로 다루고 있지요. 하지만 동물이나 식물 말고도 우리 생태계에서 아주 중요한 역할을 하는 생물이 있습니다. 바로 미생물이지요. 미생물이 없다면 어떠한 일들이 일어날까요? 맨눈에는 잘 보이지 않는다고 미생물을 무시하면 절대로 안 됩니다. 왜냐하면 이들이 생태계에서 하는 일은 다른 큰 생물의 역할보다 훨씬 더 중요할 수 있기 때문이지요.

    우선 미생물의 역할이라 하면 어떤 것이 생각나나요? 생태계에서 미생물의 가장 잘 알려진 역할은 분해자입니다. 동물이나 식물이 죽어 사체가 생기면 궁극적으로는 미생물에 의해 분해가 됩니다. 커다란 동물이 죽을 경우 사체는 우선 곤충들, 특히 파리류 애벌레의 먹이가 되어요. 동물의 사체를 이루는 많은 분자들은 곤충의 몸을 이루는 분자로 전환되어 다시 생태계로 돌아오지만, 곤충의 배설물로 남은 분자나 곤충이 먹지 못하는 두꺼운 가죽과 같은 부분은 미생물에 의해 분해되어야만 해요. 큰 동물의 몸을 이루던 탄소를 포함한 유기 분자는 미생물에 의해 완전히 분해되어 이산화 탄소의 형태로 대기로 돌아가게 되지요. 만약 이러한 분해자 역할을 하는 미생물이 존재하지 않는다면 우리의 환경은 금방 썩은 사체의 잔유물과 배설물로 뒤덮이고 말거예요.

미생물은 분해자로서의 역할만 할까요? 광합성을 수행하여 산소를 만드는 역할도 합니다. 조류(藻類)(하늘을 나는 새, 조류(鳥類)가 아니고 물속에 사는 작은 생물 조류입니다)는 사실 미생물이기는 하지만 박테리아는 아니에요. 우리의 식탁에 오르는 김이나 다시마, 하천에 녹조를 일으키는 녹색 조류 등이 바로 이 조류에 속하지요. 다시마나 김, 미역과 같은 다세포 조류는 미생물이라 부르지 않지만 단세포 조류는 미생물이라 할 수 있어요. 왜냐고요? 크기가 작으니까요. 흔히들 식물성 플랑크톤이라고 부르는 것이 이들 단세포 조류이지요. 우리가 일반적으로 미생물이라고 부르는 생물에는 박테리아라고도 불리는 세균, 조류(혹은 미세 조류), 아메바나

녹조류는 주로 물속에 살고 있는 녹색을 띠는 조류를 총칭한다. 단세포 조류를 포함한 물속의 조류는 지구 전체 생물이 수행하는 광합성의 절반 정도를 수행한다.
사진 Pixabay 제공 ⓒAlexas_Fotos

짚신벌레 같은 원생생물이 포함된다는 것을 상식으로 알고 있으면 좋아요.

단세포 조류를 포함한 물속의 조류는 지구 전체 생물이 수행하는 광합성의 절반 정도를 수행해요. 나머지 절반은 우리 주변에서 흔히 볼 수 있는 나무나 풀과 같은 고등 식물이 담당하겠지요? 그러니까 바다와 하천의 물속 용존 산소는 대부분 이러한 조류들이 만들어 내는 것이지요. 만약 조류와 같은 생물이 없다면 바다나 하천 속의 산소 농도를 높게 유지할 수 없을 거예요. 그러니 물속 산소를 꼭 필요로 하는 물고기와 같은 수생 동물은 살 수 없겠지요. 아, 물론 수면을 통해 공기 중의 산소가 녹아 들어가기도 하지만요.

또 하나 미생물의 중요한 역할은 질소의 고정이에요. 질소 고정이 도대체 무슨 말이냐고요? 지구를 둘러싸고 있는 대기에는 78%가 질소이고 산소가 21% 정도 존재해요. 그 외에는 0.9% 정도를 차지하는 아르곤, 0.03% 정도의 이산화탄소 등이 대기의 구성 성분이지요. 지구의 대기 중에는 이렇게 많은 비율의 질소가 존재하지만 미생물의 도움이 없으면 다른 생물은 공기 중의 질소를 이용하지 못해요. 공기 중에 둥둥 떠다니는 기체 상태의 질소를 고체로 존재하는 생명체 몸의 분자로 전환하는 과정을 우리는 '질소 고정'이라고 불러요. 즉, 질소 고정은 미생물만 할 수 있는 일이지요.

아 참, 생물은 도대체 왜 질소를 필요로 하냐고요? 그 설명을 하지 않았군요. 생명체의 몸을 이루는 가장 중요한 원소는 탄소, 수소, 산소 그리고 질소예요. 그 외에도 인과 황, 기타 등등의 원소들이 필요하지요. 질소는 특히 생명체를 이루는 고분자 화합물인 단백질과 핵산을 만드는 데 꼭 필요하기 때문에 모든 생명체는 어떠한 형태로든 질소를 몸 안으로 받아들여야만 생존할 수 있어요.

하지만 대기의 4/5나 차지하는 질소 분자(N_2)는 아주 안정된 형태이기 때문에 생명체가 받아들일 수 있는 다른 형태로 쉽게 전환할 수 없어요. 질소 분자는 이토록 안정적이고 쉽게 다른 분자로 변화하지 않으므로 신선한 상태로 장기 보존이 필요한 과자 봉지의 내부에 들어 있지요. 그냥 공기를 넣으면 어떻게 되냐고요? 공기 중의 1/5 정도에 해당하는 산소는 과자의 지방 등과 결합하여 산화를 일으켜요. 그래서 식품을 신선하게 장기 보존하기 위해 질소 가스를 넣어 밀봉하는 방법을 사용하는 거예요.

이렇게 안정적인 질소 분자는 식물이나 동물이 직접 사용할 수 없기 때문에 다른 형태로 전환되어야 해요. 공기 중의 질소 분자는 콩과 식물의 뿌리에 기생하는 뿌리혹박테리아에 의해 암모니아(NH_3)로 '고정'됩니다. 암모니아로 변환되어야만 질소는 생명체의 몸 안에서 단백질을 이루는 아미노산이나 핵산의 구성 성분으로 사용될 수 있거든요. 또한 생물의 사체가 분해되며 발생하는 암모니아는 미생물인 암모니아 산화 세균에 의해 아질산 이온, 질산 이온을 거쳐 식물에게 흡수되거나 다시 질소 분자로 전환되어 대기 중으로 방출되지요. 이 모든 과정은 미생물이 없으면 진행되지 못합니다.

지금까지 지구 생태계의 중요한 구성원인 미생물의 세 가지 역할 즉, 분해자로서의 역할, 광합성을 수행하여 산소를 만드는 역할, 질소를 고정하거나 순환시키는 역할에 대하여 간단히 알아보았어요. 미생물은 이렇게 다양한 일을 할 수 있도록 진화해서 현재 지구 생태계의 여러 요소에서 절대로 없어서는 안 되는 아주 중요한 일부분을 담당하고 있어요. 하지만 미생물은 눈에 보이지 않을 정도로 크기가 작기 때문에 평소에는 우리가 그들의 존재를 인식하지 못하거나 무시하기도 하지요. 사실 앞에서 살펴본 다섯 번의 대규모 멸종 때에도 많은 미생물이 멸종하고 또 새로운 미생물이 생겨났어요. 하지만 다른 대형 생물의 멸종에 비해 미생물의 멸종은 비교적 연구자들의 관심이 적기도 하고 화석 등에 의한 증거가 부족하므로 상대적으로 연구가 덜 되어 많은 내용이 알려지지 않았어요.

원시 지구에
산소가 등장하다

지금까지 살펴본 다섯 번의 대규모 멸종보다 어쩌면 훨씬 더 지구의 역사에 중요한 대멸종 사건은 바로 미생물의 멸종과 관련이 있어요. 아니 무슨 멸종이기에 이렇게 거창하게 이야기하냐고요? 바로 잠시라도 없으면 우리가 살 수 없는 산소와 밀접한 관련이 있는 대멸종이에요. 현재 지구상에 살고 있는 대부분의 생물에게 산소는 너무나 중요한 존재입니다. 지금부터 이야기하고자 하는 또 하나의 역사적인 멸종은 바로 이 산소와 관련이 있기 때문에 더욱더 중요하지요.

여러분은 '산소 대폭발 사건'이라고 들어 보았나요? 뭐라고요? 산소 탱크가 폭발하는 것이냐고요? 물론 병원이나 연구실에서 쓰는 고압으로 압축된 산소는 쉽게 폭발할 수 있으므로 아주 조심히 다루어야 해요. 하지만 지구에서 대규모 멸종을 불러온 산소 대폭발 사건은 이러한 고압 산소에 의한 폭발이나 화재를 의미하는 것은 당연히 아니지요. 이것은 지구상에 거의 없던 산소가 갑자기 폭발적으로 많이 늘어난 사건을 뜻해요.

앞에서 현재 지구 대기의 산소 농도는 21% 정도 된다고 말씀드렸지요? 그렇다면 과거 원시 지구에도 비슷한 농도의 산소가 존재했을까요? 과학자들의 추측에 의하면 원시 지구의 대기는 거의 전부가 질소와 이산화 탄소였고, 산소는 현재 대기에 존재하는 양의 0.001%밖에 되지 않았다고 해요. 현재 산소 농도가 21%니까 원시 대기의 비율로 환산하면 $21 \times 1/100 \times 0.001 = 0.00021$%니까 산소가 거의 없는 것이나 마찬가지이지요.

이때가 언제냐고요? 약 40억 년 전이에요. 갓 태어난 지구의 표면이 식기 시작하고 약 3억 년 후, 그러니까 37억 년 전에 지구에 나타나는 첫 생명체를 맞이하기 위한 준비를 하던 시절이지요. 당시에는 지구도 '어린' 지구였고 태양도 '어린' 태양이었어요. 태양도 아직 어렸기 때문에 전성기의 충분한 핵융합 반응을 일으키지 못하여 현재 밝기의 70% 정도밖에 내지 못했다고 학자들은 추측해요. 태양에서 오는 에너지가 약했기 때문에 열에너지가 충분히 전달되지 못하여 지구는 온통 얼음으로 덮여 있었을 거라고 생각할 수 있죠? 하지만 실제로 당시의 원시 지구 표면에는 물이 존재

40억 년 전, 당시에는 지구도 어렸고, 태양도 어렸다. 태양은 현재 밝기의 70% 정
도밖에 내지 못했다. 지구의 이산화 탄소 농도가 너무 높아서 태양에서 오는 열에
너지가 약했음에도 불구하고 지구 표면의 온도는 따뜻하게 유지되었다.

사진 Unsplash 제공 ⓒ Tanjir Ahmed Chowdhury

했다고 해요. 태양에서 오는 열에너지가 적음에도 불구하고 어떻게 지구 위에 얼음이 녹은 상태인 물이 존재할 수 있었을까요? 이러한 현상을 '어리고 약한 태양 역설'이라고 해요. 태양에서 오는 에너지가 적은 것에 비해 지구 표면의 온도가 생각보다 높았다는 역설이지요.

이러한 '어리고 약한 태양 역설'은 지구 온난화로 설명할 수 있어요. 일부 학자들의 의견에 의하면 그때는 이산화 탄소가 지금의 이산화 탄소 농도인 0.03%에 비해 1000배 정도 높았을 수도 있다고 해요. 1000배면 당시 원시 지구 대기의 약 30%가 이산화 탄소로 이루어져 있다는 거예요. 이산화 탄소에 의한 지구 온난화도 문제지만 그 정도 높은 농도의 이산화 탄소에 노출되면 인간은 체내 이산화 탄소 분압이 높아져서 금방 정신을 잃고 사망하게 되어요. 물론 40억 년 전에는 지구상에 인간뿐 아니라 아무런 생물도 없었으니 이산화 탄소 농도는 걱정하지 않아도 돼요. 또한 산소도 거의 없었으니 산소를 호흡해야만 살아 나갈 수 있는 인간과 같은 동물은 절대 살 수 없는 환경이었고요. 어쨌든 당시에는 이산화 탄소 농도가 너무 높았기 때문에 대기의 온실 효과가 너무 커서 태양에서 오는 열에너지가 약했음에도 불구하고 지구 표면의 온도는 얼음이 얼지 않을 정도로 따뜻하게 유지되었어요.

이산화 탄소뿐 아니라 당시에 지구상에 처음으로 생겨난 생명체 중의 하나인 메테인 생산 세균에 의해 이산화 탄소로부터 만들어진 메테인 가스도 온실가스로 작용했다고 해요. 메테인 가스는 이산화 탄소보다 훨씬 더 강력한 온실가스로 작용할 수 있거든요. 온실가스에 대해서는 뒤에서 더 자세하게 공부해 보도록 할게요.

원시 지구는 지금까지 살펴본 것처럼 대부분 질소, 이산화 탄소, 미세량의 수증기, 일산화 탄소, 수소, 메테인으로 이루어진 대기를 가지고 있었어요. 산소는 거의 없는 것이나 마찬가지였고요. 하지만 이때도 메테인 생산 세균 같은 고세균은 살고 있었어요. 그러니까 그들은 산소가 없어도 생존할 수 있는 생명체이지요. 우리는 산소가 없으면 잠시도 살 수 없지만 초기 지구에서 번성하였던 고세균들은 산소가 없는 환경에서 살 수 있는 혐기성 생물이었어요.

그렇다면 이렇게 지구상에 산소가 거의 없는 환경에서 어떻게 산소가 만들어지게 되었을까요? 여러분, 현재 지구에서 산소를 만들어 내는 것은 누구이지요? 맞아요. 식물과 조류가 광합성을 하여 산소를 만들어 낸다고 했지요? 바로 광합성을 수행해서 산소를 만들어 낼 수 있는 시아노박테리아(남세균)가 약 35억 년 전 지구에 처음으로 등장했어요. 이들의 등장은 지구의 역사에 엄청나게 큰 획을 긋는 사건을 일으키게 되어요. 바로 지구의 대기에 산소가 점점 증가하게 되는 '산소 대폭발 사건'이지요.

산소에 노출되는 순간
죽어 버린 고세균

35억 년 전에 처음 등장한 시아노박테리아가 번성하면서 광합성을 점점 활발히 진행하자 산소는 아주 빠르게 증가했어요. 시아노박테리아가 지구에 등장한 지 약 11억 년이 지난 뒤에는 현재 지구 산소 농도의 약 10%에 해당하는 산소가 지구 대기에 쌓이게 되었지요. 0.001%로부터 10%이니까 약 1만 배가 증가한 거예요. 이렇게 산소 농도가 폭발적으로 증가하게 되면 지구의 생태계에는 어떠한 영향이 미쳤을까요?

우리는 '산소'라고 하면 대개 좋은 이미지를 생각하지요. 아주 오래전에 유행하던 광고 문구 중에서 '산소 같은 여자'라는 표현이 있었어요. 당시에 최고의 전성기를 누리던 배우가 출연했던 화장품 광고였던 걸로 기억해요. 그만큼 산소는 생명의 상징이고 신선하고 싱그러운 이미지를 가지고 있다고 할 수 있지요. 왜냐하면 우리 인간은 산소가 없으면 잠시도 살 수 없는 생물이기 때문이지요. 호흡이 곤란한 환자나 생명이 위독한 말기 환자의 경우 병원에서 고압 산소

인간에게 산소는 생명의 상징이다. 스쿠버다이빙을 하려면 공기통을 메고 물속에 들어가야 한다. 공기통은 대기 중 공기처럼 질소와 산소를 혼합한 가스를 넣은 것이다. 반면 산소통은 100% 산소를 압축시켜 넣어 둔 것으로 의료용 등에 사용한다. 사진 Pixabay 제공 ⓒxin-yu-qui

를 이용하여 생명을 유지하도록 도와줍니다. 그만큼 우리 인간에게는 '산소는 곧 생명이다'라는 명제가 어색하지 않게 느껴져요.

하지만 당시 산소가 없던 환경에서 살던 생물, 즉 고세균에게는 산소가 어떻게 다가왔을까요? 갑자기 1만 배나 증가한 산소 농도는 이들 대부분의 고세균에게 독성 물질로 작용했어요. 앞에서 산소가 없는 상황에서 사는 생물을 '혐기성' 생물이라고 표현했는데 좀 더 엄밀하게 이야기하면 이들은 산소가 필요 없는 것이 아니고 산소가 있으면 죽는 생물이에요.

네? 생명의 상징인 산소가 있는데 왜 죽게 되냐고요? 여러분은 '산화'라는 화학 용어를 들어 봤지요? 화학에서 산화는 여러 가지로 정의하는데 '산소와 결합하는 현상' 또는 '전자를 빼앗기는 현상'을 산화라고 해요. 아… 점점 복잡해지니 가능하면 쉽게 설명하도록 노력할게요.

산소는 주변의 물질에서 전자를 빼앗아서 자신이 물로 변화하려는 성질이 있어요. 산소 분자 하나가 전자 네 개를 얻으면 물 분자 두 개로 '환원'되지요. '환원'은 '산화'의 반대 개념으로 전자를 얻는 것을 의미해요. 그런데 왜 산소 분자

한 개가 물 분자 두 개로 전환되냐고요? 궁금한 분들을 위해 간단히 말씀드릴게요. 산소 분자는 O_2라고 표현하지요. 산소 원자(O)가 두 개 모여 산소 분자를 이루기 때문이에요. 반면에 물 분자는 H_2O로 표현하는 것을 잘 알지요? 물 분자에는 산소 원자가 하나밖에 없기 때문에 산소 분자의 산소 원자 두 개는 환원되어 물 분자 두 개를 만들 수 있어요.

점점 더 복잡해지지요? 조금만 더 어려운 얘기를 할게요. 여러분은 활성 산소라는 말을 들어 봤지요? 산소는 뭔가 긍정적이고 좋은 이미지인데 활성 산소는 좀 위험한 것처럼 느껴진다면 여러분이 잘 기억하고 있는 게 맞아요. 산소를 호흡하는 우리 몸에서는 끊임없이 활성 산소가 만들어져요. 산소가 전자를 네 개 모두 받으면 아주 안전한 물로 변하는데 전자를 네 개 다 받지 못하고 한두 개만 받으면 나머지 전자를 다른 분자로부터 더 빼앗기 위해, 즉 다른 분자를 산화시키기 위해 아주 불안한 반응성이 큰 활성 산소로 변하게 되어요. 산소 이온이나 과산화 수소가 이들 활성 산소에 속해요.

이들은 필요한 전자를 모두 가져서 물로 환원되기 전까지는 마치 불량배처럼 주변의 분자들을 마구 공격해서 전자를 빼앗아요. 산소일 때는 전자의 맛을 모르지만 일단 전자 한 개의 맛을 본 후에는 네 개를 모두 가질 때까지 날뛰는 위험한 분자가 활성 산소라고 생각하면 돼요.

이러한 활성 산소는 생명체를 이루는 세포 안의 여러 분자들을 산화시켜서 망가뜨릴 수 있기 때문에 높은 독성을 가지고 있어요. 특히 유전자나 효소를 만드는 핵산이나 단백질이 산화되면 세포의 생명 현상에 치명적인 결과를 불러일으킬 수 있지요.

활성 산소는 산소를 호흡하는 인간의 몸에서는 계속 생성되어요. 지금 여러분이 이 글을 읽는 순간에도 계속 생성되고 있지만 우리 몸 안의, 좀 더 자세하게 말하면 우리 세포 안의, 더 자세하게 말하면 세포 안의 미토콘드리아에 존재하는 특정 분자들이 이렇게 발생한 활성 산소가 여기저기 마구 돌아다니지 못하도록 붙잡아 두는 역할을 해요. 전자를 다 받아 무해한 물로 변할 때까지 미토콘드리아의 분자가 붙잡고 있는 것이지요. 그럼에도 불구하고 조금씩 새어 나오는 활성 산소가 세포를 망가뜨리지 않도록 몇 종류의 효소가 무해한 물로 환원시키지요.

이러한 활성 산소를 제어하는 메커니즘은 우리처럼 산소

를 호흡하는 생물이 아주 오랜 진화 기간을 통해 천천히 습득한 고난이도의 기술이에요. 산소를 호흡하면 음식으로부터 에너지를 뽑아내는 효율이 아주 크게 증가하기 때문에 에너지가 많이 필요한 고등 생물들은 산소를 호흡하도록 진화할 수밖에 없었어요.

잠깐만 예를 들고 넘어갈게요. 우리가 가장 기본적으로 사용하는 음식물의 분자인 포도당의 예를 들어 볼게요. 포도당 한 개가 산소가 있는 상태에서 분해되면 이론상 최대로 32개의 ATP를 만들 수 있어요. ATP는 우리 세포 안에서 사용되는 현금과 같은 에너지를 가지고 있는 분자예요. 하지만 산소가 없으면 포도당 한 개에서 2개의 ATP만 만들어요. 아무래도 우리 인간과 같은 고등 생물의 경우 책도 읽어야 하고 운동도 해야 하니까 에너지가 많이 필요하잖아요. 당연히 산소를 이용해 좀 더 효율적으로 음식으로부터 에너지를 뽑아내는 방법을 사용해야겠지요?

당시 지구상에 처음 등장한 대부분의 고세균들은 산소를 이용하지 못할 뿐 아니라 산소로부터 만들어진 활성 산소를 제거하는 능력을 가지고 있지 못해서 산소에 노출되는 순간 죽어 버리고 말았어요. 흔히 좀비 영화에서 햇볕에 노출되면 좀비가 죽는 장면을 많이 보았지요? 그 장면과 유사하게 현재 생물들에겐 꼭 필요한 산소가 마치 좀비를 죽이는 햇볕과 같은 역할을 한 것이지요.

이러한 '산소 대폭발 사건'에 의해 지구의 땅 위나 물속에서 살던 생명체의 80% 이상이 멸종했어요. 그래서 산소 대폭발 사건은 종종 '산소 홀로코스트(대학살)'라고 부르기도 해요. 홀로코스트는 원래 나치가 저지른 유대인 대학살을 뜻해요. 그만큼 산소 대폭발 사건은 엄청난 규모의 미생물 대멸종 사건을 일으켰기 때문이에요.

이러한 산소에 의한 대멸종은 약 24억 년 전에 시작하여 20억 년 전에 끝났어요. 앞 장에서 살펴본 다섯 번의 대멸종 중 가장 오래된 고생대 오르도비스기 말의 대멸종이 4억 4천 4백만 년 전에 있었던 일이니 이 '산소 대학살' 멸종은 그보다도 16억 년 전에 있었던 사건이에요. 하지만 20억 년 전에 끝난 이 대멸종은 혐기성 미생물이 주로 멸종했다는 사실, 즉 눈에 보이는 커다란 생물이 멸종한 것이 아니기 때문에 학자들이 다섯 번의 대멸종과 같은 수준으로 다루고 있지는 않아요.

산소에 의한 대멸종이 다른 대멸종에 비해 잘 알려지지

홀로코스트는 제2차 세계 대전 중에 나치 독일이 자행한 유대인 대학살을 뜻한다. 인종 청소라는 명목으로 600만 명에 이르는 유대인의 목숨을 빼앗았다. 특히 폴란드 유대인이 많이 희생되었는데, 아우슈비츠 수용소에서는 하루에 3,000명씩 독가스로 죽임을 당한 것으로 알려졌다.

사진(위) Pixabay 제공 ⓒdimitrisvetsikas1969 사진(아래) Pixabay 제공 ⓒDzidekLasek

않은 또 다른 이유는 20억 년 전은 원생누대에 속해서 다른 다섯 번의 대멸종이 있었던 현생누대와는 완전히 다른 시대였기 때문에 그런 것일 수도 있어요. 너무 오래전에 있었던 일이기 때문에 상대적으로 화석과 같은 증거도 부족하여 관련 연구의 진행도 힘들기 때문이지요. 만일 원생누대의 대멸종인 산소 대학살 멸종까지 포함한다면 지구의 역사에는 다섯 번이 아닌 여섯 번의 대멸종이 있었다고 이야기해야겠지요.

새로운 시대를 연
시아노박테리아

저는 '산소 대학살 멸종'이 다른 다섯 번의 대멸종보다 훨씬 더 지구의 역사에서 중요한 멸종이라고 생각해요. 사실 현생누대에서 일어난 다섯 번의 대멸종 때에는 공룡이 모두 멸종하거나 삼엽충이 절멸하는 등 좀 더 드라마틱하고 충격적인 생태계의 변화가 일어나기는 했지요. 과거 생태계를 구성하는 생물 다양성의 변화를 화석 증거를 통해 추적하는 관찰자의 입장에서는 이 다섯 번의 대멸종이 산소 대학살 멸종보다 좀 더 재미있는 연구 대상인 것은 분명해요. 아주 많은 연구 결과가 이 다섯 번의 대멸종에 관하여 이루어졌고 아직도 많은 갑론을박이 이어지고 있는 것을 보아도 그렇지요.

하지만 저는 원생누대에 있었던 산소 대학살 멸종이 비록 겉보기에는 눈에 보이지 않는 미생물이 멸종했을 뿐이지만 지구상에 존재하는 생명체의 패러다임을 바꾼 훨씬 더 혁명적인 대멸종이라고 생각해요. 어떠한 패러다임이 바뀌게 되었냐고요? 바로 산소를 혐오하는 생물은 대부분 사라지고 산소를 이용할 수 있는, 즉 산소를 호흡하는 생명체가 지구를 지배하게 된 것이지요. 앞에서 말씀드렸듯이 산소를 이용하면 좀 더 효율적으로 에너지를 생산해 낼 수 있기 때문에, 산소를 통하여 확보한 풍부한 에너지를 이용하여 비약적으로 발달한 새로운 생명체들이 탄생했어요.

반면 산소를 싫어하는 혐기성 미생물은 완전히 멸종한 것은 아니고 산소가 거의 없는 환경으로 숨어 들어가 현재까지 근근이 생존해 오고 있어요. 산소가 거의 없는 환경은 어디일까요? 바로 깊은 바닷속 해구 밑이나 땅속 깊은 곳이지요. 그러한 환경에서는 경쟁해야 할 다른 생물이 존재하지 않기 때문에 산소가 거의 없는 곳으로 피신한 혐기성 고세균들은 지금까지도 진화하지 않고 수십억 년 전의 모습 그대로 살아가고 있어요. 경쟁자가 없기 때문에 진화해서 변신할 필요가 없었던 것이지요. 왜 고(古, 옛고)세균이라고 불리는지 알겠지요?

자, 이제 지구상에 산소가 본격적으로 등장하게 되었으니 어떠한 일들이 일어났을까요? '어리고 약한 태양 역설'에서 지구에 도달하는 태양 에너지가 약했음에도 불구하고 지구의 온도가 물이 얼지 않을 정도로 유지된 이유가 이산화 탄소와 메테인 가스가 온실가스로 작용했기 때문이었다고 말

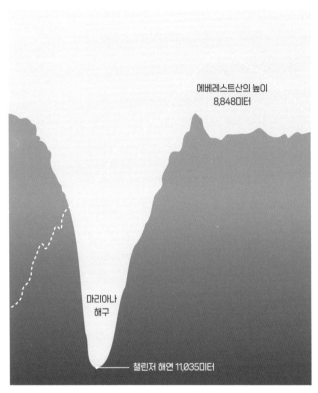

에베레스트산의 높이
8,848미터

마리아나
해구

챌린저 해연 11,035미터

혐기성 미생물은 깊은 바닷속 해구 밑이나 땅속 깊은 곳으로 숨어 들어갔다. 마리아나 해구는 세계
에서 가장 깊은 해저로 최저 수심은 11,035미터이다.

쓸드렸지요? 지구 대기에 증가한 산소는 메테인을 이산화 탄소로 산화시켰어요. 이산화 탄소는 온도를 보존하는 능력이 메테인 가스보다 적기 때문에 이러한 메테인의 이산화 탄소로의 전환은 반대로 지구 냉각 효과를 일으켰어요. 그래서 24억 년 전부터 22억 년 전까지 빙하기가 잠깐(?) 도래하게 되지요. 하지만 이러한 빙하기도 지구상에 새로운 생명들이 싹트는 것을 막지는 못했어요.

가장 먼저 대규모로 번식하게 된 새로운 생명체는 무엇일까요? 바로 시아노박테리아입니다. 지구 역사상 최초로 등장한 광합성이라는 생화학 반응을 자기가 먹고사는 도구로, 즉 에너지를 얻는 방법으로 처음 사용하게 된 생물이지요. 그전까지는 거의 무한정으로 쏟아지는 태양 에너지를 효율적으로 이용할 수 있는 생물이 존재하지 않았는데 드디어 지구의 생물이 태양 에너지를 이용할 수 있게 된 거예요. 태양 에너지를 이용하여 공기 중의 이산화 탄소를 환원시키고 이를 이어 붙여서 탄소 화합물을 만들어 화학 에너지로 전환시켜 생존에 이용한다는 발상은 너무나 획기적인 새로운 생존 방식이었어요.

시아노박테리아는 혐기성 미생물들이 활성 산소에 의해

죽거나 산소가 없는 곳으로 숨어 들어가는 틈을 타서 그전까지 다른 혐기성 미생물들이 차지하던 생태학적 지위를 모두 차지하게 되었어요. 바야흐로 광합성 미생물의 시대가 열린 것이지요. 시아노박테리아는 진화를 거듭하여 계속 새로운 종이 만들어지고, 광합성을 가능하게 하는 유전자를 주변의 다른 미생물에게 넘겨주어 광합성을 하는 새로운 미생물들이 태어나도록 도와주었어요.

네? 유전자를 어떻게 넘겨주냐고요? 물론 우리 같은 고등 생물은 서로 유전자를 주고받기가 어렵지만 미생물들은 유전자를 작은 DNA 조각에 담아서 서로 주고받기도 해요. 사람도 이럴 수 있으면 좋을까요? 머리 좋은 친구나 잘생긴 친구들의 유전자를 간단한 방법으로 받을 수 있다면 과연 좋을까요? 이 주제와 관련해서는 나중에 다시 이야기 나눌 기회가 있을 거예요.

그런데 지구에서 살아가던 미생물들은 활성 산소의 독성 때문에 산소가 없는 곳으로 도망치거나 죽을 수밖에 없었는데, 시아노박테리아는 어떻게 활성 산소의 독성을 피할 수 있었을까요? 물론 현재를 살아가는 우리와 같은 고등 생물들은 세포 안에 활성 산소를 제거할 수 있는 효소들을 가지

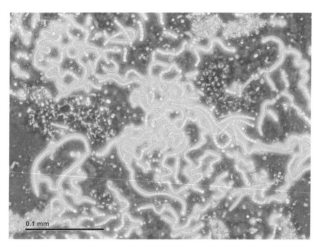

광합성을 통해 산소를 만드는 시아노박테리아(남세균)는 호수, 강, 바다, 사막, 극지방, 토양 등에 산다. 크기는 지름 0.5mm부터 100mm까지 다양하고, 모양 또한 여러 가지이다.
사진 위키미디어 커먼스 제공 ⓒJosef Reischig

고 있어요. 세포 안에서 여러 가지 이유로 발생하는 활성 산소가 나쁜 영향을 미치기 전에 제거할 수 있죠. 하지만 당시의 시아노박테리아는 활성 산소를 제거할 수 있는 효소를 미처 가지고 있지 못했을 것이라고 과학자들은 예상해요. 그러면 어떻게 시아노박테리아가 활성 산소를 제거할 수 있었을까요?

초기의 시아노박테리아는 철 이온을 이용하여 산소를 물로 환원시켰어요. 산소는 물로 환원되고 철 이온은 한 번 더 산화되는 것이지요. 즉, 철 이온이 전자를 산소에게 빼앗기는 과정이에요. 우리 주변에서 흔히 볼 수 있는, 철이 녹이 스는 것은 바로 철이 산소에게 전자를 빼앗겼기 때문에 발생하는 현상이지요. 이렇게 산화된 철 이온은 지표에 산화철을 축적시켰어요. 수십억 년 전의 퇴적층에서 발견된 산화철은 시아노박테리아가 철 이온을 이용하여 자기가 수행한 광합성으로부터 생성된 산소의 독성을 모면했다는 간접적인 증거입니다. 초기의 시아노박테리아는 자기 세포 안의 소중한 분자 대신 철 이온을 산화시킴으로써 활성 산소의 산화 독성으로부터 벗어날 수 있었던 거예요.

앞에서 다섯 번의 대멸종은 멸종한 생물들에게는 비극이

지만 새로운 시대를 여는 신종 생물들의 탄생을 일으키는 원동력이 될 수 있으므로 마냥 안타까워해야만 하는 일은 아니라고 했지요? 시아노박테리아의 등장과 더불어 지구상에서는 그전까지는 없었던 또 하나의 대단한 진화가 일어납니다. 지구의 생명체가 완전히 새로운 방향으로 첫 발자국을 떼어 놓게 되지요.

원핵생물은
왜 세포핵이 없을까?

우선 지구상의 생명체를 나누는 분류 체계를 살펴볼까요? 역(域)은 생물 분류 체계에서 가장 높은 단계에 해당하는 것으로 그 아래에 계(界)가 있습니다. 모든 생물은 크게 진핵생물, 세균, 고세균의 세 가지 역으로 분류하지요.

사실 이러한 분류 체계는 비교적 최근(1990년)에 제안된 것으로 제가 어렸을 때는 사용되지 않던 분류 기준이에요. 예전에는 세균과 고세균을 통틀어서 원핵생물로 분류하였지만 학자들이 이들의 근본적인 차이점을 알게 되어 고세균과 세균을 별도의 그룹으로 분류하였지요. 또한 우리 인간과 같은 진핵생물의 최초의 조상은 고세균에서 갈라져 나와 진화하였다는 증거를 얻게 되었어요. 그러니까 우리의 조상은 세균이 아니고 고세균이지요. 고세균이 조상이라니까 좀 어색하기는 한데 그래도 대장균이나 콜레라균 같은 세균이 우리의 조상인 것보다는 낫지요?

참, 여기서 이야기가 나온 김에 지구상의 생명체를 나누는 3역 6계 분류 체계에 대해 잠깐 짚고 넘어갈까요? 이 책의 큰 주제는 '기후 변화와 멸종'이지만 멸종을 제대로 이해하려면 생물의 분류 체계에 대해서도 기본적인 이해는 반드시 필요하거든요. 말씀드린 대로 지구의 생물은 진핵생물역, 세균역, 고세균역의 3역으로 나뉘게 되고 그중에서 가장 큰 역인 진핵생물역은 다시 원생생물계, 균계, 식물계, 동물계로 나뉘어요. 세균역과 고세균역은 각각 세균계와 고세균계라고도 부를 수 있으므로 3역 6계가 되지요.

기왕 말씀드린 김에 조금만 더 자세히 말씀드리면 진핵생물역의 원생생물계는 진핵생물 중 식물계, 동물계, 균계에 속하지 않는 여러 작은 생물들의 집합이에요. 아메바, 짚신벌레, 앞에서 이야기했던 조류 등이 이 원생생물계에 속하지요. 균계는 곰팡이, 버섯, 인간이 발효 식품을 만드는 데 사용하는 효모 등이 속하는 분류 체계고요. 이들은 진균류라고 부르기도 하고 원핵생물인 세균과는 완전히 다른 생물이에요. 균류와 세균을 절대 헷갈리지 마세요. 식물계와 동물계는 특별히 설명을 따로 드리지 않아도 되겠지요.

자, 원핵생물에는 세균과 고세균이 포함되고 그 외의 생물은 모두 진핵생물인 것을 이제 알게 되었지요? 그렇다면 이번에는 원핵생물과 진핵생물의 차이에 대하여 이야기해 볼까요? 원핵(原核)생물의 한자 근원 원(原)자가 뜻하는 대로 원핵생물은 핵이 원시적인 형태이거나, 제대로 된 세포 안의 세포핵을 가지고 있지 않은 생물이라는 뜻이에요.

세포핵이 무엇인지는 다들 알지요? 세포 안에 들어 있는 유전 물질 DNA와 그를 감싸고 있는 핵막으로 이루어진 구조를 세포핵이라고 해요. 유전자는 우리가 후손에게 물려줄 완전 소중한 자산이기 때문에 인간과 같은 진핵생물은 유전 물질인 DNA를 두 겹의 지질막으로 이루어진 핵막으로 싸서 구형의 세포핵의 형태로 만들어 세포 안 깊숙한 곳에 보관해요.

인간과 같은 진핵생물은 대부분 유성 생식을 하는데 이때 소중하게 보관한 세포핵 안의 유전 물질을 절반으로 나누어 여성은 난자의 유전 물질, 남성은 정자의 유전 물질을 만들어요. 이 반쪽짜리 유전 물질이 수정을 통해 만나면 새로운 생명이 태어납니다. 인간과 같은 고등 동물이나 꽃가루 수분을 하는 고등 식물 모두 같은 방법으로 유성 생식을 하지요. 이렇게 세포핵을 가진 생물을 진핵(眞核)생물이라고 해요. 진짜 세포핵을 가지고 있는 생물이라는 뜻이지요.

반면에 세균, 고세균과 같은 원핵생물은 세포 내부에 세

생물 분류 체계 – 3역 6계

	역	계	종류
원핵 생물	세균역	세균계	구균, 간균, 이선균(대장균, 콜레라균 등)
	고세균역	고세균계	메테인 생성 세균, 호염성 균, 고온성 세균
진핵 생물	진핵생물역	원생생물계	아메바, 짚신벌레, 조류 등
		균계(진균류, 균류)	곰팡이, 버섯, 효모 등
		식물계	양치식물, 속씨식물, 겉씨식물
		동물계	척추동물, 무척추동물

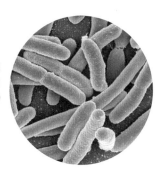

원핵생물인 대장균은 약 20분마다 한 번씩 분열
한다. 하루만 지나면 한 마리의 대장균이 어마어
마한 자손을 남기게 된다. 사진 Pixabay 제공 ©
geralt

포핵과 같은 구조를 가지고 있지 않아요. 원핵생물의 세포에는 '핵양체'라는 유전 물질이 뭉쳐져 원시적인 세포핵처럼 보이는 구조를 가지고 있을 뿐이고, 이 유전 물질을 둘러싼 핵막은 존재하지 않아요.

왜 원핵생물은 세포핵을 가지고 있지 않을까요? 원핵생물의 유전 물질은 진핵생물의 유전 물질만큼 소중하지 않기 때문일까요? 어느 정도 맞는 의견일 수도 있어요. 우리 인간의 경우 평생 한두 명의 자식밖에 만들지 않지만, 즉 한두 번 정도 자신의 유전 물질을 자손에게 전해 주지만 원핵생물의 경우 끊임없이 계속 세포 분열하여 자신의 자손을 아주 많이 만들기 때문이지요. 대표적인 원핵생물인 대장균은 약 20분마다 한 번씩 분열해요. 하루만 지나면 한 마리의 대장균이 $2^{72}=4.72\times10^{21}$마리의 자손을 남기게 되지요.

진핵생물에 비해 상대적으로 워낙 빨리, 많은 자손을 남길 수 있기 때문에 원핵생물은 자손 중의 일부가 손상 입은 유전 물질을 가지고 있다 하더라도 대수롭지 않아요. 대다수의 다른 정상 자손들이 유전적 결함이 있는 일부 자손을 대치할 수 있기 때문에 큰 문제가 되지 않죠. 그리고 원핵생물은 유전 물질의 크기, 즉 유전자의 정보량이 진핵생물에 비해 아주 적기 때문에 손상을 입을 유전 정보가 그다지 많지 않기 때문일 수도 있어요.

진핵생물과 원핵생물의 차이는 세포에 세포핵이 있고 없고의 차이뿐만은 아니에요. 진핵생물의 세포에는 원핵생물의 세포에는 존재하지 않는 여러 가지 세포 내 소기관이 있어요. 생명 과학 수업 시간에 들어 본 적 있지요? 소포체, 골지체, 리소좀, 세포 골격 등등 말이에요. 이들은 오직 진핵생물의 세포에만 존재하는 기관이에요.

진핵생물의 세포는 이들 소기관뿐 아니라 미토콘드리아라는 에너지 생산 공장을 세포 내부의 소기관으로 가지고 있어요. 식물 세포의 경우 미토콘드리아뿐 아니라 태양 빛을 이용하여 에너지를 생산할 수 있는 소기관인 엽록체도 추가로 가지고 있지요. 진핵생물의 세포는 원핵생물의 세포보다 훨씬 더 다양한 일을 수행해야 하기 때문에 이렇게 세포 안에 여러 가지 소기관을 가지고 있습니다.

우리는 왜 산소가 없으면
잠시도 살 수 없을까?

이제 산소 대학살 멸종에 의해 지구상에 새로운 생물, 즉 진핵생물이 어떻게 나타나게 되었는지 살펴볼게요. 시아노박테리아가 지구상에 등장하면서 이들이 수행하는 광합성을 통해 지구 대기 중의 산소 농도가 점점 높아지고, 산소의 독성을 견딜 수 없었던 혐기성 고세균이 대부분 멸종하거나 산소가 없는 곳으로 숨어 들어가게 된 것까지 이야기했지요? 그런데 극히 일부의 고세균은 당당하게 남아서 산소에 대한 저항성을 키워 나갔어요.

당시 원시 지구에는 산소로부터 비롯된 활성 산소 외에도 태양으로부터 쏟아져 내려오는 자외선 같은 산화 스트레스가 굉장히 많았어요. 활성 산소나 자외선 모두 고세균의 단백질이나 핵산으로부터 전자를 빼앗아 산화시켜 망가뜨렸지요. 단백질과 핵산 중 특히 핵산에 산화가 일어나면 유전자에 돌연변이가 생겨 대부분의 고세균이 살 수 없게 되지만, 간혹 어떤 돌연변이는 아주 적은 확률로 생물체에 이로운 능력을 주는 방향으로 진행되었어요. 이러한 극히 일부의 이로운 돌연변이는 아주 오랜 시간 후에 지구상에 살게 될 모든 생물이 진화할 수 있는 원동력으로 작용합니다.

후세의 생물들에게 가장 큰 한 발자국을 앞서서 딛게 해 주는 이로운 돌연변이가 바로 이때 고세균에게 일어났어요. 앞에서 고세균이 우리와 같은 진핵생물의 아주 먼 조상이라고 이야기했지요? 바로 첫 번째 진핵생물이 고세균으로부터 진화한 것이지요.

첫 번째 진핵생물은 활성 산소와 자외선으로부터 자신의 유전 물질을 보호하기 위해 핵막을 만들어 내었어요. 유전 물질에 행여나 이롭지 않은 돌연변이가 일어날까 봐 두 겹의 막으로 둘러싼 것이지요. 또한 산화에 의해 망가진 유전 물질을 고쳐서 복구하기 위한 '유전 물질 복구 효소'들이 원시 진핵생물의 세포 안에서 이로운 돌연변이에 의해서 처음으로 만들어졌어요. 이젠 어느 정도 유전 물질에 손상이 일어나도 직접 복구할 수 있게 됐지요.

잠시만 곁다리로 빠져서 이야기를 드리면 유전 물질 복구 효소는 우리와 같은 고등 진핵생물에게 아주 중요한 효소입니다. 지금도 우리 세포 안에서는 유전 물질 복구 효소가 자외선이나 우리가 흡수하는 여러 화학 물질에 의해 손상된 우리의 유전 물질을 끊임없이 복구시켜 주고 있어요. 이들 유전 물질 복구 효소가 없다면 유전자가 망가져서 우리는 암과 같은 질병에 훨씬 더 쉽게 걸릴 거예요. 후손 진핵생물의 세포 안에서 이렇게 중요한 역할을 담당하는 유전 물질 복구 효소가 드디어 초기 진핵생물의 세포 안에서 만들어진 것이지요.

또한 원시 진핵생물은 원핵생물 시절에는 하지 않던 여러 가지 복잡한 세포 내 기능을 수행하기 위해 세포막을 내부로 접어 들여서 (살이 쪄서 배가 나오면 옆구리 살이 접히는 모습을 상상하면 돼요) 소포체, 골지체, 리소좀 등의 세포 내 소기관을 만들어 내었어요. 이들 소기관도 세포막과 같은 지질 성분으로 만들어져 있거든요. 이들은 원핵생물의 단백질과 비교해서 훨씬 다양한 기능을 수행하는 진핵생물의 단백질을 만들고 완성시키기 위한 소기관이에요. 복잡한 일을 해야만 하는 진핵생물의 세포에는 꼭 필요한 기능이지요.

자, 그런데 진핵생물의 세포에서 소포체나 골지체보다 훨씬 더 중요한 역할을 하는 소기관이 있어요. 그것이 무엇일까요? 바로 미토콘드리아예요. 미토콘드리아는 산소를 이용한 물질대사를 가능하게 하여 좀 더 많은 에너지를 섭취한 음식물로부터 뽑아낼 수 있도록 도와주는 세포 내 소기관이에요. 앞에서 포도당 한 개가 산소가 없는 상황에서 분해되면 2개의 ATP만 만들어지지만 산소가 있을 경우 포도당이 완전히 이산화 탄소로 산화되면서 32개의 ATP가 이론적으로 만들어질 수 있다고 말씀드렸던 것 기억나지요? 바로 이러한 산소를 이용한 음식 분자의 완전한 산화를 가능하도록 하는 세포 내 소기관이 바로 미토콘드리아입니다.

미토콘드리아는 '세포 호흡'을 가능하게 해요. 세포 호흡이 무엇이냐고요? 세포 호흡은 우리가 허파로 하는 생리적인 호흡과는 다른 호흡이에요. 세포 안의 미토콘드리아가 산소를 환원시켜 물을 만들면서 에너지를 만드는 과정이 바로 세포 호흡이에요.

우리는 왜 산소가 없으면 잠시도 살 수 없을까요? 산소를 호흡해야 하기 때문이라고 많은 사람들은 답하겠지요? 좀 더 정확하게 말하면 우리 세포 안의 미토콘드리아가 수행하는 세포 호흡에 산소가 필요하기 때문이지요. 음식물 분자를 산화시켜 전자를 빼앗는 과정에서 에너지가 발생하는데 이때 빼앗은 전자를 받아들이기 위한 분자로서 산소가 필요하기 때문이에요. 음식물 분자에서 갓 뽑아낸 전자는 에너

고산 지대에서는 고도가 높아지면 대기압이 낮아져 산소 농도도 낮아진다. 동맥 혈액에 녹아든 산소가 줄고, 조직에는 저산소증이 발생한다. 이에 적응하지 못해 발생하는 것이 고산병인데 호흡 곤란, 두통, 현기증, 탈진 등의 증상이 생길 수 있다. 고산병의 가장 확실한 해결 방법은 신속하게 내려가는 것이다. 사진 Pixabay 제공 ⓒSquirrel_photos

지를 많이 가지고 있는데 이 전자가 가지고 있는 에너지를 미토콘드리아 안의 여러 물질이 차례로 나눠 가지게 되면 전자의 에너지가 바닥 상태로 떨어져요. 미토콘드리아 안의 여러 물질은 전자로부터 받아들인 에너지를 이용하여 ATP를 만들어요. 이때 아무도 거들떠보지 않는 찌꺼기로 남은 에너지 준위가 낮은 전자를 받아들이기 위해 산소가 필요한 것이지요.

앞에서 활성 산소에 대한 설명을 할 때 산소는 전자를 무척 좋아한다고 말씀드렸던 것 기억나지요? 그래서 산소가 전자를 받아들이기 위해 사용되는 거예요. 산소가 이렇게 미토콘드리아의 세포 호흡에서 최종적으로 전자를 받아들이는 것을 '산소의 최종 전자 수용체로서의 역할'이라고 해요. 자, 이제 친구가 "우리는 왜 산소가 없으면 잠시도 살 수 없을까?"라고 물어보면 아주 정확한 답을 할 수 있겠지요? "그 이유는 우리 몸의 세포 안에 있는 미토콘드리아에서 세포 호흡을 하여 에너지를 만드는데, 그때 산소가 최종 전자 수용체로서 필요하기 때문이지." 무척 당혹한 친구의 표정이 보이는 듯한데요?

인간은 미토콘드리아와
내부 공생 중

그렇다면 우리 진핵생물의 세포 안에서 아주 중요한 역할을 하는 산소를 최종 전자 수용체로 사용하는 미토콘드리아는 도대체 어디서 온 것일까요? 아, 여러분 죄송해요. '최종 전자 수용체'라는 어려운 단어를 말씀드리자마자 또 어려운 용어를 이야기할 수밖에 없겠네요.

'내부 공생설'이라는 것을 들어 보았나요? 공생이 무엇인지는 알 거예요. 가장 흔하게 이야기하는 공생의 예는 말미잘과 흰동가리, 말미잘과 집게 정도가 있겠네요. 흰동가리는 말미잘 속으로 숨어 큰 물고기의 공격을 피하고, 말미잘은 흰동가리의 적을 잡아먹어요. 집게는 자신이 짊어진 소라 껍질 위에 붙은 말미잘 덕분에 천적의 공격을 피할 수 있고, 말미잘은 집게의 도움으로 여기저기 옮겨 다니면서 음식물을 섭취할 수 있지요. 공생은 이렇게 두 종류 이상의 생물이 서로 도움을 주고받으면서 살아가는 것을 뜻해요.

그렇다면 '내부 공생설'이란 무엇일까요? 공생은 공생인데 내부에 공생하는 것을 말하나요? 사실 우리 인간도 공생

말미잘은 흰동가리와 공생하는 것으로 유명하지만, 집게와도 공생한다.
사진 Pixabay 제공 ⓒcongerdesign

하는 생물이 있습니다. 바로 대장균입니다. 이름 그대로 우리의 큰창자, 대장에 살고 있는 세균이지요. 아니 도대체 대장균이 우리에게 무슨 이익을 주길래 공생이라는 표현을 쓰냐고요?

대장균은 흔히 식품 오염의 대명사처럼 사용되지요. "냉면집 육수에서 대장균이 몇 마리 발견되었다.", "외국산 절임배추에서 대장균이 허용치 이상으로 나타났다." 등의 뉴스를 본 기억이 나지요? 물론 우리가 섭취해야 하는 음식에 대장균이 너무 많이 존재한다면 큰 문제를 일으킬 수 있어요.

그렇다면 대장균과 인간과의 공생은 대장균의 입장에서는 우리 대장 속에서 편안하게 먹을 것을 얻을 수 있으니까 이익이고, 인간에게는 별다른 이익을 주지 않는 일방적인 공생일까요? (한쪽만 이익을 얻는 공생을 '편리 공생'이라고 불러요) 사실 그렇지 않아요. 대장균은 우리 대장 속에서 인간의 세포가 직접 만들기 힘든 비타민 K, 비타민 B12 등을 만들어서 우리에게 보급해 줘요. 우리 인간은 대장균이 만든 일부 비타민을 이용하는 거지요.

그 외에 대장균은 우리의 피부나 대장의 점막 위에 미리 자리 잡고 있음으로써 대장균보다 훨씬 나쁜 다른 유해성

세균에 감염되지 않도록 막는 역할을 해요. 단순히 우리 몸에 대장균을 포함한 여러 정상적인 세균이 존재하지 않으면 더 좋을 것이라는 생각으로 우리와 공생하는 모든 세균을 제거한다면 어떤 일이 벌어질까요? 우리 몸에 여러 가지 면역 질환이나 성인병 같은 나쁜 질환이 생길 수도 있어요. 그렇기 때문에 인간과 대장균은 서로 이익을 주고받으며 공생하는 것이지요.

참 '내부 공생설'을 이야기하고 있었지요? 대장균은 우리의 대장 속에 살고 있으니까 '내부'에 살기 때문에 '내부 공생'을 하고 있는 것일까요? 답은 아니에요. 대장 안쪽은 사실 우리 몸의 '내부'는 아니에요. 입에서부터 항문까지는 하나의 긴 관으로 생각할 수 있기 때문에 식도와 위, 소장과 대장 등 안쪽 부분은 사실 우리 몸의 '외부'라고 할 수 있지요. 그러니까 대장균은 우리 몸의 외부에 공생을 하고 있는 거예요. 사실 대장균이 우리 몸의 외부에 공생하지 않고 내부로 들어온다면 패혈증 등 여러 가지 치명적인 질병을 일으킬 수 있지요.

그렇다면 '내부 공생'이란 무엇일까요? 우리 진핵생물의 세포 안, 즉 세포 내부에서 아주 오랫동안 살고 있는 다른

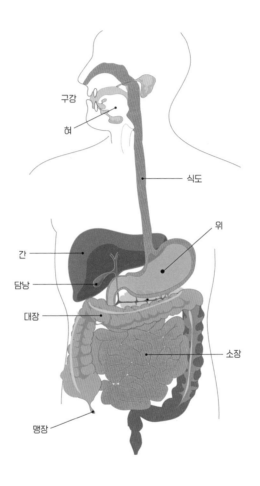

구강

혀

식도

위

간

담낭

대장

소장

맹장

대장 안쪽은 사실 우리 몸의 '내부'는 아니다. 입에서 항문까지는 하나의 긴 관으로 생각할 수 있기 때문에 식도와 위, 소장과 대장 등 안쪽 부분은 우리 몸의 '외부'라고 할 수 있다. 대장균이 우리 몸 내부로 들어온다면 패혈증 등 여러 치명적인 질병을 일으킬 수 있다.

사진 Pixabay 제공 ⓒClker-Free-Vector-Images

세포, 바로 세포 안에서 열심히 에너지를 만들고 있는, 이제는 세포 소기관이 되어 버린 미토콘드리아이지요. 아주 오래전 첫 번째 진핵생물이 지구상에 태어났을 당시, 그 원조 진핵 세포의 내부에 다른 세균 세포가 들어와서 미토콘드리아로 진화한 거예요. 미토콘드리아로 변신한 그 세균은 바로 산소를 호흡할 수 있는, 즉 산소를 최종 전자 수용체로 사용해서 에너지인 ATP를 많이 만들 수 있는 그러한 세균이었어요. 그래서 우리 진핵 세포는 세포 안에서 공생하고 있는 미토콘드리아를 통해 에너지를 많이 얻을 수 있게 진화한 거예요.

진핵 세포의 내부에 공생하고 있는 세포 내 소기관이 미토콘드리아뿐일까요? 역시 고등 진핵생물인 식물 세포가 가지고 있는 엽록체도 처음에는 외부에서 혼자 자유롭게 광합성을 수행하던 세균이었어요. 그게 누구냐고요? 바로 산소를 만들어 내는 광합성을 수행하여 지구의 역사를 통째로 바꾼 시아노박테리아가 그들이에요. 홀로 살면서 빛을 이용해 광합성을 진행하여 먹고살던 시아노박테리아가 최초의 식물 세포의 조상 안에 들어가서 공생하면서 식물로 진화한 것이지요.

자, 이제 정리해 볼까요? 산소가 거의 없는 원시 지구에서 살았던 생물은 산소를 이용하지 못하는, 아니 산소가 있으면 살 수 없는 혐기성 고세균이었어요. 그런데 광합성을 수행하여 물 분자를 쪼개 산소를 만들어 낼 수 있는 시아노박테리아가 35억 년 전에 등장하여 지구의 환경은 극적으로 바뀌었지요. 산소를 싫어하는 혐기성 고세균은 산소가 없는 곳으로 숨어들거나 멸종하고 산소를 호흡하면서 살아갈 수 있는 산소 호흡 세균이 등장하게 된 것이지요.

진화를 통해 활성 산소를 제거할 수 있는 효소를 만들어 낸 몇몇의 살아남은 고세균은 진핵생물로의 진화를 향한 커다란 한 발짝을 내딛게 되었어요. 바로 혼자 자유롭게 살아가던 산소 호흡 세균을 자신의 세포 안으로 꿀떡 삼켜 버린 거예요. 하나의 세포가 다른 세포를 삼키는 행동을 '식세포 작용'이라고 부릅니다. 식세포 작용으로 세포 안으로 들어온 다른 세포나 물질들은 대부분 소화되어 없어져 버리지만, 고세균이 삼킨 산소 호흡 세균은 소화되어 없어져 버리는 대신 다른 운명을 택하였지요. 바로 주인 세포와 공생을 하게 되었습니다. 마치 주인 건물에 세 들어 사는 세입자처럼 산소 호흡 세균은 산소를 이용한 호흡을 하여 많은 에너지, 즉 ATP를 만들어 내어 주인에게 월세를 지급하고 건물 주인 고세균은 세입자에게 안전한 장소를 제공하는 형태의 공생이지요. 그냥 삼켜 버린 세균을 소화시켜 버리면 적은 양의 에너지를 잠시 얻을 뿐이지만, 세포 안에서 살려 두면 마치 황금알을 낳는 거위처럼 계속 자신의 세포 안에서 에너지를 만들어 낼 수 있기 때문이에요.

그렇게 고세균의 세포 안에 내부 공생으로 영원히 자리 잡은 산소 호흡 세균을 우리는 미토콘드리아라고 불러요. 지금 책을 읽고 있는 우리의 모든 세포 안에서는 미토콘드리아가 열심히 산소를 소비하면서 에너지를 만들고 있지요. 미토콘드리아가 없으면 우리 인간과 같은 고등 생물은 잠시도 살아갈 수 없어요.

역시 유사한 과정으로 혼자서 광합성을 하면서 살아가던 시아노박테리아는 다른 고세균에게 먹힌 후 식물 세포의 광합성을 전담하는 소기관인 엽록체로 진화하게 되었어요. 이렇게 미토콘드리아와 엽록체를 얻은 고세균은 진핵 세포로 변신하였고, 이후 단세포 생물에서 다세포 생물로 진화하여 현재의 동물과 식물을 포함하는 진핵생물이 되었습니다.

아주 오랜 시간이 지난 지금 다시 지구의 역사를 되돌아보면 산소 대학살 멸종이 없었다면 우리 인간이 지구상에 살 수 있었을까요? 시아노박테리아에 의해 지구에 산소가 생기고, 산소를 호흡할 수 있는 우리의 조상이 지구에 나타나게 된 것은 우연일까요? 필연일까요? 만일 시아노박테리아가 35억 년 전에 지구에 나타나지 않았다면 지금 지구는 어떤 모습일까요?

대멸종의
시간표

지금까지 지구상에 있었던 다섯 번의 대멸종과 그들보다 훨씬 앞에 있었던 산소 대학살 멸종에 대하여 알아보았어요. 앞에서도 말씀드렸듯이 산소 대학살 멸종은 너무 오래전인 원생누대에 있었던 일이기도 하고 눈에 보이지 않는 미생물의 멸종이 일어났다는 사실, 화석 증거의 부족 등으로 인해 대형 생물들이 멸종했던 현생누대에 있었던 다섯 차례의 대멸종과 같은 층위에서 취급되지는 않아요. 그래서 지금까지 지구에는 다섯 번의 대멸종이 있었다고 일반적으로 이야기하지요.

그렇다면 앞으로 지구에 찾아오게 될지도 모르는 여섯 번째 대멸종에 대하여 알아볼까요? 아니 도대체 왜 여섯 번째 대멸종이 있어야만 하냐고요? 일단 현생누대에 있었던 다섯 번의 대멸종의 시간표를 살펴볼까요?

첫 번째 대규모 멸종인 고생대 오르도비스기 말의 대규모 멸종은 4억 4천 4백만 년 전에 있었어요. 그 후 고생대 데본기 말의 두 번째 대규모 멸종은 3억 6천만 년 전에 발생했지요. 첫 번째와 두 번째 대규모 멸종 사이의 시간을 계산해 볼까요? 4억 4천 4백만 년 − 3억 6천만 년 = 8천 400만 년의 차이를 두고 발생했지요? 고생대의 마지막 대규모 멸종이자 지구 역사상 세 번째 대규모 멸종은 페름기 말, 2억 5천 190만 년 전에 일어났으니 두 번째 대규모 멸종과의 시간 차이는 1억 810만 년으로 계산돼요.

계속 계산해 볼까요? 중생대에 일어난 첫 번째 대규모 멸종이자 네 번째 대규모 멸종인 트라이아스기 말의 대규모 멸종은 2억 년 전에 일어났으니까 세 번째 대규모 멸종이 있은 후 5천 190만 년 후에 다시 대규모 멸종이 일어난 것이지요. 마지막 다섯 번째 대규모 멸종은 백악기 말 6600만 년 전에 있었으니 네 번째의 대규모 멸종 이후 1억 3천 400만 년 후에 일어났지요.

이제 각 대규모 멸종 사이의 시간 차이 평균을 내어 볼까요? 8천 400만 년, 1억 810만 년, 5천 190만 년, 1억 3천 400만 년의 평균을 내면 9천 450만 년이 돼요. 물론 지구에서 대규모 멸종이 일정한 시간 차이를 두고 발생해야 한다는 당위성은 전혀 없지만 마지막 대규모 멸종이 6600만 년 전에 일어났으므로 앞으로 2천 850만 년 안에 여섯 번째 대

대멸종 연대표

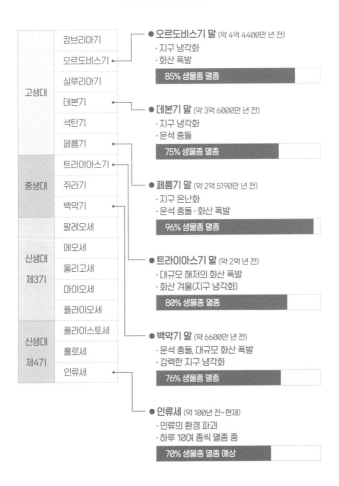

고생대	캄브리아기
	오르도비스기
	실루리아기
	데본기
	석탄기
	페름기
중생대	트라이아스기
	쥐라기
	백악기
신생대 제3기	팔레오세
	에오세
	올리고세
	마이오세
	플라이오세
신생대 제4기	플라이스토세
	홀로세
	인류세

● **오르도비스기 말** (약 4억 4400만 년 전)
· 지구 냉각화
· 화산 폭발
85% 생물종 멸종

● **데본기 말** (약 3억 6000만 년 전)
· 지구 냉각화
· 운석 충돌
75% 생물종 멸종

● **페름기 말** (약 2억 5190만 년 전)
· 지구 온난화
· 운석 충돌·화산 폭발
96% 생물종 멸종

● **트라이아스기 말** (약 2억 년 전)
· 대규모 해저의 화산 폭발
· 화산 겨울(지구 냉각화)
80% 생물종 멸종

● **백악기 말** (약 6600만 년 전)
· 운석 충돌, 대규모 화산 폭발
· 강력한 지구 냉각화
76% 생물종 멸종

● **인류세** (약 100년 전~현재)
· 인류의 환경 파괴
· 하루 10여 종씩 멸종 중
70% 생물종 멸종 예상

규모 멸종이 일어날 수도 있다고 추측할 수 있겠네요. 물론 평균값을 낸 것이므로 더 일찍 여섯 번째 대규모 멸종이 찾아올 수도 있고 훨씬 더 늦게 일어날 수도 있겠지요.

물론 대멸종이 비슷한 주기를 가지고 일어나야만 하는 이유는 절대 없어요. 하지만 그동안 있었던 대멸종의 이유를 다시 한번 되새겨 보면 거의 대부분이 기후 변화에 의한 것이었어요. 화산 분출에 의해 대기 중 이산화 탄소 농도가 높아져 온실가스로 작용하여 지구 온난화가 찾아온 것도 대멸종 이유 중의 하나였고, 거대 운석 충돌로 인해 발생한 연무로 태양 복사 에너지가 차단되어 발생한 지구 냉각화에 의해서도 대멸종이 일어났지요.

실제로 여러 가지 증거들을 볼 때 지구 표면의 온도는 긴 주기를 두고 오르내림을 반복했어요. 빙하기와 온난기가 반복된 것이지요. 이러한 빙하기와 온난기의 반복 주기는 아주 짧기도 하고 10만 년 정도의 긴 주기로 반복되기도 해요. 물론 앞에서 계산해 본 대멸종의 주기는 10만 년의 1000배인 1억 년 가까이 되기는 합니다. 10만 년을 주기로 찾아온 빙하기 또는 온난기가 운석의 충돌과 같은 또 다른 요인과 우연히 만나게 되면 기후 변화가 증폭되어 오래 지속되면서 대멸종을 유발하는 것이 아닐까 생각이 들어요.

현재도 지구의 기후 변화가 큰 화두가 되고 있지요? 지구에서 발생하였던 다섯 번의 대멸종의 원인이 된 기후 변화는 주로 자연적인 요인에 의한 것이었지만, 현재의 기후 변화의 원인은 주로 인류의 활동에 의한 것으로 생각돼요. 인간이 농업, 축산업, 공업 등으로 자연을 파괴하면서 발생시키는 이산화 탄소가 온실가스로 작용하기 때문이지요.

앞으로 여섯 번째 대멸종이 온다면 그것은 인간의 활동 때문에 촉발된 기후 변화로 인한 대멸종이 될 것이라고 합니다. 이러한 인간의 여러 가지 활동에 의해 유발되는 기후 변화에 대해서는 이 책의 뒷부분에서 좀 더 자세하게 공부해 보도록 해요.

사진 unsplash 제공 ©Annie Spratt

최근에 멸종된 생물들

4장

동물 분류학의 체계를 세운
아리스토텔레스

우리는 다섯 번의 대멸종과 그것보다 훨씬 더 전에 있었던 산소 대학살 멸종에 대하여 알아보았어요. 하지만 이때 멸종한 생물은 실제로 인류가 직접 만나 보지 못했던 생물이에요. 멸종한 생물이라고 하면 제일 먼저 생각나는 공룡도 우리는 박물관에 전시된 화석 표본이나 〈쥬라기 공원〉과 같은 영화에서 컴퓨터 그래픽으로 만들어 낸 이미지밖에는 접하지 못하지요. 고생대의 바다를 지배했던 삼엽충도 마찬가지고요. 살아 있다고 하더라도 현미경으로 관찰할 수밖에 없었을 멸종한 고세균이나 세균도 우리 인류가 직접 접할 수 있는 생물은 아니지요.

그렇다면 이제부터는 좀 더 현실적인 멸종, 우리 인류가 직접 목격한 생물의 멸종에 대하여 알아볼까요? 우리 인류와 같이 지구에서 동시대를 살았던 생물의 멸종 과정에 대해 찬찬히 살펴보면, 지구의 유일한 지적 생명체인 인간으로서 멸종 위기 생물의 보호를 위해 노력해야겠다는 마음이 들 거예요.

우선 지구상에 우리와 같은 인간, 즉 호모 사피엔스(Homo sapiens)가 처음 모습을 나타낸 것이 언제인지 아나요? 지금까지 다루었던 대멸종의 역사에서는 수십억 년, 수억 년 전 이야기를 했는데 인간이 지구에 처음 등장한 시대는 그러한 대멸종이 있었던 아주 오래전과 비교하면 너무나도 깜찍한, 불과 35만 년 전 정도예요. 그리고 인간들이 모여서 농경 사회를 이루며 정착 생활을 시작한 것은 기원전 6천 년 즈음이라고 해요.

인간은 모여 살기 시작하면서 문자를 만들어 내고 역사의 기록도 시작해서 문명을 만들어 내었지요. 지금까지 알려진 지구, 아니 우주 전체에서 유일하다고 알려진 문명인 인류 문명은 기원전 4천 년에 시작되었어요. 인류의 문명이 시작된 후로부터 지금까지 불과 6천 년밖에 되지 않은 것이지요. 인류 문명의 역사는 지구의 역사에 비하면 너무 짧은 기간이지요?

초기 문명을 이루어 낸 인류에게는 생물의 멸종, 생물의 다양성 등이 그다지 중요하지 않았어요. 당연히 그런 것에 관심을 가질 여유가 없었던 것이지요. 먹고살기도 힘들었을 초기 인류에게는 주변의 동식물은 그들에게 먹을거리를 제공해 주는 대상 또는 무서워서 피해야 할 맹수 정도로밖에는 생각되지 않았겠지요. 생물 다양성에 인류가 눈을 뜨게 된 것은 그보다 훨씬 뒤의 일이에요.

기원전 4세기의 고대 그리스 철학자 아리스토텔레스는 처음으로 동물을 이분법을 사용하여 분류했어요. 우리 책 앞부분에서 잠시 다루었던 온혈 동물과 냉혈 동물, 즉 동물을 체온에 따라 분류하였던 것처럼 말이지요. 온혈 동물은 다시 깃털의 유무에 따라서 둘로 나눌 수 있었지요. 이러한 분류법은 후에 다른 학자들이 동물뿐 아니라 식물을 분류하는 데도 사용되었어요.

이분법에 따른 분류법은 18세기 스웨덴의 식물학자 칼 폰 린네가 본격적인 분류학적 체계를 도입할 때도 기본적인 원리로 쓰였어요. 우리가 지금 알고 있는 대부분의 분류 체계는 이때 린네가 만든 거예요. 예를 들어 동물을 포유류, 조류, 파충류, 어류 등으로 분류하는 것과 같은 시스템이 이때 확립되었죠.

18세기 이후에 과학은 비약적으로 발전하면서 드디어 인류는 자기 주변의 다른 생물을 체계적으로 이해할 수 있게 되었어요. 인류가 주변 생물의 다양성과 그 변화 양상을 중

라파엘로의 작품 〈아테네 학당〉으로, 가운데 왼쪽이 플라톤이고 오른쪽이 아리스토텔레스다.

고대 그리스 철학자 아리스토텔레스는 처음으로 동물을 이분법을 사용하여 분류했다.

사진 shutterstock 제공 ©Viacheslav Lopatin

요하게 생각하게 된 것도 이때쯤이에요. 이 무렵부터 많은 생물의 모습과 생태가 인간에 의해 체계적이고 과학적인 기록으로 남게 되었지요. 물론 18세기 이전에 멸종한 몇몇 생물의 기록이 남아 있기도 해요. 인간에 의해 멸종한 대표적인 생물로 알려진 '도도'가 마지막 발견된 것은 18세기 이전인 1681년이에요.

날지 못하는 새,
도도가 멸종한 이유는?

도도는 마다가스카르섬 동쪽의 작은 섬인 모리셔스섬에서 살던 날지 못하는 새였어요. 키가 무척 커서 1미터나 되었고, 섬에 천적이 없었기 때문에 날아서 도망갈 필요가 없어서 날지 못하게 진화되었어요. 섬에는 먹을 것이 풍부해서 도도는 음식을 많이 섭취하여 몸이 커졌어요. 비대해진 몸집을 날게 하려면 굉장히 많은 에너지가 필요할 테니 그다지 필요 없었던 비행 능력을 퇴화시킨 것이지요.

이 거대한 새는 1598년 대항해 시대에 식민지를 개척하던 네덜란드인들이 처음 발견했어요. (포르투갈의 항해자가 1507년에 먼저 발견했다는 기록도 있어요) 하늘을 날지도 못하고 별다른 저항 수단도 가지지 못했던 도도는 인간에 의해 발견된 지 100년도 안 되어 완전히 멸종했어요.

인간에 의한 멸종의 상징적인 동물인 도도는 무인도였던 모리셔스섬에 들어온 선원들이 고기를 얻기 위해 남획하면서 멸종되었다는 의견이 지배적이었어요. 하지만 최근 연구자들의 의견에 의하면 인간의 사냥보다는 다른 원인이 도도의 멸종에 더 크게 작용했을 것이라고 해요. 인간과 함께 모리셔스섬으로 들어온 돼지, 개, 쥐와 같은 동물이 도도의 멸종에 더 크게 기여했다는 거지요.

인간과 함께 섬으로 상륙한 동물들이 있기 전까지 모리셔스섬은 나름대로 안정된 생태계를 유지하고 있었어요. 하지만 인간이 들여온 가축이나 쥐가 도도의 알을 아주 쉬운 먹잇감으로 사용하면서 급격하게 도도의 개체 수가 줄어들었지요. 포식자도, 알을 노리는 약탈자도, 생태계 위치를 놓고 경쟁할 다른 동물도 없는 모리셔스섬에서 방만하게 진화한 도도는 갑자기 여러 외래 동물의 공격을 받게 되었습니다. 도도의 알은 쥐나 개가 쉽게 찾아서 먹었을 것이고, 먹거리였던 식물의 열매를 놓고 도도는 돼지와의 경쟁에서 밀렸을 거예요. 그뿐만 아니라 인간은 가끔 쉬운 사냥감으로 도도를 사냥하여 별식으로 먹었겠지요.

도도는 처음에 그 큰 덩치와 생김새 때문에 펭귄이나 타조의 친척일 것이라 생각되었으나 사실은 비둘기와 더 가까운 종이라고 해요. 현재 미국 텍사스의 한 생명 공학 회사에서 비둘기의 유전자를 바탕으로 하여 도도를 복원하는 작업을 수행하고 있지요. 글쎄요? 과연 과거에 멸종했던 동물을

도도는 모리셔스섬에 살던 날지 못하는 새였다. 섬에 천적이 없었기 때문에 날아서 도망갈 필요가 없어서 날지 못하게 진화되었다. 사진 위키미디어 커먼스 제공 ⓒGeorge Edwards

도도는 키가 무척 커서 1미터나 되었다. 사진 위키미디어 커먼스 제공 ⓒRoelant Savery

되살리는 것이 가능할까요? 오래전 멸종한 동물의 경우 유전체가 많이 손상되어 있어 많은 부분을 현재 살고 있는 유사한 동물의 유전체 부위로 대치해야 합니다. 또 대리모로 사용될 개체를 찾는 것도 쉽지 않아요.

동료애가 매우 강한
스텔러바다소

인간에 의해 멸종한 동물의 상징적인 사례로 도도만큼 기억되지는 않지만 그에 못지않게 불쌍하게 멸종한 또 다른 동물로 스텔러바다소가 있어요. 현재 살고 있는 듀공이나 매너티와 유사한 바다에서 서식하는 포유류의 일종이지요. 스텔러바다소는 몸길이가 9미터에 이르는 커다란 체격을 가지고 있어 고래류를 제외하고는 포유류 중 가장 덩치가 컸어요.

스텔러바다소는 1741년 북태평양의 베링해 근처를 탐험하던 게오르크 빌헬름 스텔러의 북극 탐험대가 처음 발견했어요. 처음 발견한 스텔러의 이름을 따서 스텔러바다소라는 이름을 붙인 것이지요. 물론 오래전 원주민들이 먼저 스텔러바다소를 발견했을 가능성도 있지만 지금 남아 있는 기록은 없습니다.

베링섬 근처에서 좌초한 탐험대 대원들은 식량이 떨어져서 덩치에 비해 온순했던 스텔러바다소를 잡아먹을 수밖에 없었는데 고기가 아주 맛있었다고 해요. 고기뿐 아니라 추위를 막고 부력을 얻기 위해 지닌 10cm에 달하는 지방층도 연료로서의 가치가 높았죠. 이 불쌍한 해양 포유류는 탐험대가 돌아가서 "북극해에 끝내주게 맛있는 바다소가 있다!"라는 소식을 전하자마자 금방 남획의 대상이 되었지요. 처음 스텔러 탐험대에 의해 발견된 지 27년 만에 스텔러바다소는 모두 멸종하고 말았어요.

스텔러바다소는 동료애가 매우 강해서 한 친구가 인간에 의해 포획되면 그 친구를 구하려고 도망치지 않고 근처를 배회하는 습성이 있었다고 해요. 또 부부간의 애정도 깊어서 암컷이 포획되어 도살되어도 짝짓기를 했던 수컷은 도망치지 않고 자신의 짝이 잡혔던 자리에 계속 찾아왔다고 하지요.

게다가 스텔러바다소는 두터운 지방층으로 인해 부력이 너무 세서 물속으로 완전히 잠수하는 것이 불가능했어요. 이러한 모든 사실로 유추해 볼 때 스텔러바다소는 인간에게 너무 쉬운 사냥감이었을 거예요. 바닷속으로 도망칠 수도 없었을 테니 말이지요.

최근 박물관에 전시된 스텔러바다소의 뼈에서 (불과 250여 년 전에 멸종했으니 화석이 아니라 '진짜 뼈'가 남아 있는 것이지요)

유전자를 추출하여 학자들은 여러 가지 연구를 진행하고 있어요. 물론 도도의 경우처럼 현재 지구상에 살아남은 스텔러바다소의 친척인 듀공의 유전자를 이용하여 다시 복원하려는 시도도 하고 있지요. 하지만 얼마나 성공 가능성이 있을지는 미지수예요.

스텔러바다소의 유전자 서열 분석을 통해 몇몇 학자들은 스텔러바다소가 1741년 북극해에서 발견되기 훨씬 이전부터 이미 멸종이 진행 중이었다고 주장했어요. 유전자 서열 분석을 하면 특정 생물의 유전적 다양성을 알 수 있는데 스텔러바다소의 유전적 다양성은 무척 적었다고 해요. 멸종이 일부 진행되어 개체군의 크기가 줄어들면 소수의 살아남은 생물들끼리 근친 교배를 할 수밖에 없어 유전적 다양성이 줄어드는 것이지요.

이러한 유전적 다양성의 감소는 멸종하기 직전의 시베리아 매머드(맘모스)에서도 발견되었어요. 매머드는 약 4000년 전에 멸종하였다고 알려졌어요.

여러분은 혹시 거피라는 열대어를 키워 본 적이 있나요? 이 난태성 송사리류 물고기는 알 대신 직접 치어를 낳기 때문에 치어의 생존율이 비교적 높아요. 집에서 애완용으로 키우다 보면 어느새 대량 번식하여 어항을 꽉 채우고 있는 경우가 종종 생겨요. 하지만 어느 순간 하나둘씩 병이 들거나 기형이 발생하면서 개체 수가 갑자기 줄어들지요. 이것은 바로 어항 속의 물고기들끼리 근친 교배하여 유전적 다양성이 줄어들기 때문이에요. 유전적 다양성이 확보되어야만 다양한 유전자 표현형을 가진 개체가 집단 속에 존재할 수 있고, 그 결과 다양한 환경의 변화에 집단이 적응하여 살아남을 수 있거든요.

북극해의 스텔러바다소는 인간이 마구 잡아들이기 아주 오래전부터 이미 멸종 단계에 접어들고 있었을지도 몰라요. 물론 어항 속에서 근친 교배하는 거피들처럼 유전적 다양성이 감소하여 질병이나 외부 환경의 변화에 취약해졌을 수도 있어요.

또한 학자들은 기후 변화에 의한 스텔러바다소의 서식지 감소도 영향을 미쳤을 것이라고 추측해요. 신생대 제4기 플라이스토세와 홀로세 사이에 있었던 지구 온난화에 의해 해수면이 많이 상승했어요. 이때 해안 지형이 변하면서 스텔러바다소의 서식지가 여럿으로 분리되었다고 합니다. 아주 큰 집단을 이루면서 모여 살던 스텔러바다소가 해안 지형의

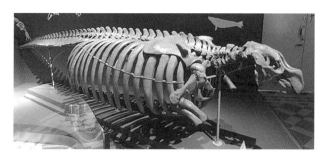

핀란드 헬싱키 자연사 박물관에 전시된 스텔러바다소 골격 표본.
사진 위키미디어 커먼스 제공 ⓒDaderot

게오르크 빌헬름 스텔러가 조사한 암컷 표본을 보고 그린 유일한 그림.
이후의 복원도는 대부분 이 그림을 바탕으로 하고 있다.
사진 위키미디어 커먼스 제공 ⓒFriedrich Plenisner

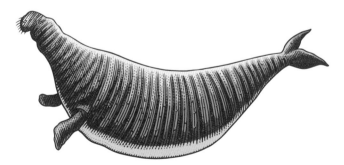

덩치는 크지만 순하고 아름다웠던 스텔러바다소의 특징을 살려 그렸다.
사진 shutterstock 제공 ⓒArthur Balitskii

변화로 서식지가 여럿으로 나누어지면서 집단의 크기가 줄어든 거예요. 그만큼 근친 교배의 확률이 높아져서 유전적 다양성이 감소되어 건강하지 못한 집단으로 변하게 된 것이지요.

주머니늑대가
증오의 대상이 된 이유는?

도도, 스텔러바다소에 이어 최근에 멸종한 동물을 조금만 더 살펴볼게요. 여러분은 주머니늑대라고 들어 봤나요? 태즈메이니아 호랑이라고 불리기도 하고 틸라신이라고 불리기도 해요. 몸의 윗부분에 독특한 줄무늬가 있는데, 호랑이처럼 줄무늬를 가지고 있어 태즈메이니아 호랑이라는 이름을 얻게 된 거예요.

이 주머니늑대는 유대류라는 포유류의 한 분류군에 속해요. 유대류는 대부분 몸에 아기주머니가 있어서 미성숙한 상태로 태어난 태아를 아기주머니에서 키운다는 공통점이 있지요. 예, 바로 여러분이 지금 생각한 캥거루가 대표적인 유대류 동물이에요. 반면에 인간과 같이 엄마 배 속의 태반에서 어느 정도 성장한 후 태어나는 포유류를 태반류라고 하지요.

좀 더 정확한 분류학 용어를 사용하면 새끼에게 젖을 먹이는 동물인 포유류는 '포유강'이라 하고 포유강은 크게 '원수아강'과 '수형아강'으로 나눌 수 있어요. 원수아강은 알을 낳는 포유류를 뜻해요. 오리너구리나 가시두더지처럼 알을 낳는 포유류가 여기 속하지요. 새끼를 낳아 젖을 먹여 기르는 수형아강에 속하는 포유류 동물은 다시 유대하강(유대류)과 태반하강(태반류)으로 나눌 수 있어요. 자, 이보다 더 자세히 분류할 수도 있지만 여기까지만 할게요.

유대류는 알을 낳는 포유류인 원수아강이 갈라지고 난 포유류의 나머지 무리에서 약 1억 4천만 년 전 갈라져 나와 태반류와 별개로 진화했어요. 다른 대륙에도 소수 있기는 하지만 오스트레일리아 대륙에 유대류가 특히 많이 분포하지요. 오스트레일리아 대륙에서 만날 수 있는 동물들인 캥거루, 왈라비, 코알라, 쿠스쿠스 등이 모두 유대류에 속해요. 오스트레일리아에는 같은 생태학적 지위를 차지하고 있는 경쟁자인 태반류 동물이 없었기 때문에 유대류 동물이 폭발적으로, 다양한 형태로 진화할 수 있었습니다. 이 유대류와 비슷한 생태학적 지위를 차지하고 있는 태반류 동물을 서로 짝지어 보면 유대류의 일종이었던 주머니늑대의 멸종 이유를 짐작할 수 있어요.

말, 사슴과 같은 태반류에 상응하는 유대류는 캥거루가 있어요. 고라니나 노루 같은 소형 태반류와 비슷한 지위를

캥거루 새끼는 태어나자마자 앞발만으로 기어 올라가 아기주머니 속으로 들어간다. 아기주머니 속에는 젖꼭지가 있어 새끼는 충분히 먹고 따뜻하게 자란다. 대체로 9개월 후 세상 밖으로 나온다. 캥거루과는 캥거루속, 회색캥거루속, 왈라비속 등으로 나뉜다. 사진 Pixabay 제공 ⓒsandid

유칼리나무 숲에서 지내는 코알라는 하루에 보통 20시간을 자고, 나머지 시간에는 먹는다. 새끼는 아기주머니 속에서 몇 개월 동안 지낸 다음 어미가 6개월 정도 업어서 기른다.
사진 Pixabay 제공 ⓒHolgi

가지고 있는 유대류는 왈라비예요. 나무 위에서 게으름을 피우는 것으로 유명한 태반류인 나무늘보와 비슷한 유대류는 코알라가 있어요. 날다람쥐나 하늘다람쥐와 같은 태반류와 비슷한 생태적 지위를 가진 날아다니는 유대류로는 주머니날다람쥐가 있어요.

주머니날다람쥐는 슈가글라이더라는 이름으로도 알려져 있는데 그 귀여운 생김새 때문에 우리나라에서도 많은 사람들이 반려동물로 키웁니다. 아, 얼마나 귀여운지 지금 검색하고 있다고요? 생김새와는 달리 냄새도 심하고 사육 난이도도 높으니 애완동물에 관심 많은 분들은 입양을 하기 전에 한번 잘 생각해 봐요.

육식 유대류인 주머니늑대는 태반류의 늑대나 코요테와 비슷한 생물이에요. 주머니늑대는 오스트레일리아 대륙 전역에 분포했으나 '딩고'라 불리는 야생 들개가 유입되어 경쟁이 시작되었고, 오스트레일리아에 유럽인이 이민 오기 시작하면서 급격한 환경 변화를 견디지 못하고 멸종했어요. 이들은 딩고가 유입되지 않은 오스트레일리아 옆의 큰 섬인 태즈메이니아섬에서 최후까지 생존해 나갔지요. 이 주머니늑대의 또 다른 이름인 태즈메이니아 호랑이는 바로 이들의

주머니늑대 수컷과 암컷 한 쌍의 모습으로 1906년 워싱턴 D.C에 있는 국립 동물원에서 촬영되었다.
사진 위키미디어 커먼스 제공 ⓒBaker; E. J. keller

최후 서식지에서 따온 이름이에요.

유럽인이 이주해 오기 시작한 1800년대 초반 태즈메이니아섬 안의 주머니늑대 개체 수는 5,000마리 정도였어요. 어느 신대륙 초기 정착민과 마찬가지로 태즈메이니아섬 이주민은 광활한 목초지를 이용하여 소와 양을 키우는 목축업을 시작하였고 이들에게 주머니늑대는 증오의 대상이 되었지요. 실제로 목축업이 제대로 이루어지지 않은 원인은 야생 개나 질병 등과 같은 다른 원인이었지만 이주민은 유럽 대륙에서 볼 수 없었던 주머니늑대에게 화살을 돌린 거예요.

결국 1830년 즈음부터 주머니늑대는 현상금이 걸린 사냥 대상이 되었고 그 이후 백 년 가까운 시간 동안 3,500마리 정도가 현상금을 노린 사냥꾼에 의해 사살되었어요. 사람들은 뒤늦게 주머니늑대의 멸종 가능성을 인지하고 보호 정책을 펼치려 하였으나 때는 너무 늦었어요. 1924년 생포된 주머니늑대 가족 중 마지막까지 살아남은 '벤자민'이라는 이름의 수컷 주머니늑대는 1936년 동물원에서 죽었어요.

벤자민의 영상은 컬러로 복원되어 유튜브에서도 확인 가능해요. 'Tasmanian Tiger in color'로 검색해 보세요. 우리 안을 여기저기 방황하거나 외로운 듯 누워 있는 모습이 아주 슬프게 보여요. 몸집은 늑대 같지만 얼굴은 캥거루처럼 보이기도 하고, 특히 하품을 하는 모습에서 입이 벌려지는 각도가 개과의 동물에 비해 상당히 넓다는 것을 알 수 있지요. 도도, 스텔러바다소와 마찬가지로 주머니늑대도 남아 있는 조직 샘플로부터 확보한 유전자와 근연종 생물을 이용하여 복원하려는 시도가 진행 중이지만 그 성공 가능성은 높지 않은 듯해요.

지금까지 비교적 최근에 멸종했던 생물에 대해 알아보았어요. 사실 멸종했던 생물을 알아보자고 말하고 나서 멸종한 동물에 대해서만 말씀드렸네요. 일반 대중의 관심이 동물보다 적어서 그렇지 식물도 아주 많이, 빠르게 멸종하고 있어요. 1900년 이후 매년 종자식물 3종 정도가 지구상에서 사라졌어요. 동물보다 훨씬 많은 종이 멸종하였지요. 동물뿐 아니라 식물의 보호에도 관심을 기울여야 합니다.

사진 shutterstock 제공 ⓒDanita Delimont

멸종 위기에 처한 생물들

5장

멸종 위기에도
등급이 있다

앞에서 알아본 이미 멸종한 생물 이외에도 앞으로 추가로 멸종할 가능성이 높은 생물들이 많이 있어요. 세계자연보전연맹(International union for conservation of nature and natural resources, IUCN)이라는 단체에서 멸종에 처한 생물을 여러 가지 위기 등급 단계로 나누어 정리했어요. 이를 IUCN 적색 목록이라고 불러요.

1. 절멸: 생존하고 있는 개체가 없음

2. 야생 절멸: 야생에서는 절멸하였지만 보호 구역이나 동물원에 생존하고 있는 개체가 있음

3. 위급: 아주 심각하게 멸종이 예상되는 종

4. 위기: 심각한 위급보다 한 단계 낮은 멸종 위기종

5. 취약: 멸종 위기에 처할 가능성이 높은 종

이외에도 준 위협, 관심 대상 등의 단계가 있어요.

여기서 참고로 세계자연보전연맹에 대해서 간단히 알아볼까요? 세계자연보전연맹은 자연 보호의 심각성을 자각한 학자들 및 행동가들에 의해 1948년 프랑스에서 설립되

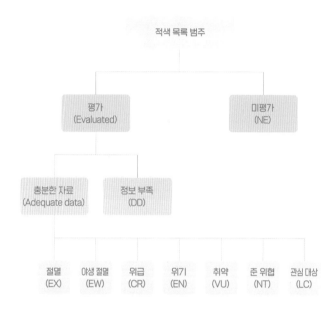

```
                    적색 목록 범주

          ┌──────────────────────────┐
       평가                        미평가
   (Evaluated)                     (NE)

   ┌──────────────┐
충분한 자료        정보 부족
(Adequate data)     (DD)

┌────┬────┬────┬────┬────┬────┬────┐
절멸  야생 절멸  위급   위기   취약  준 위협  관심 대상
(EX)  (EW)  (CR)  (EN)  (VU)  (NT)  (LC)
```

세계자연보전연맹(IUCN)에서는 적색 목록(Red List)을 만들어 140,000여 종의 생물을 등록했다.

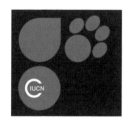

세계자연보전연맹(IUCN) 마크
(https://www.iucnredlist.org/)

었어요. 현재 16,000명의 과학자 및 전문가 들이 자원봉사로 참가하고 1,000명 가까운 전임 인력들이 우리나라를 포함한 50개 이상의 국가에서 일해요. 본부는 스위스에 있고요. 세계자연보전연맹은 네이처 2030이라는 프로그램을 통해 2030년을 앞둔 현 시점에서 지구의 환경과 생물들의 보호를 위한 홍보를 진행해요. 세부 프로그램은 5R이라고 부르는 다섯 가지의 실천 사항으로 구성됩니다. 하나씩 살펴보면서 자연 보호와 관련한 우리의 의식 수준을 다시 점검해 볼까요?

1. Recognize(인식): 현재 인류와 지구가 전례 없는 위기에 직면했다는 사실을 인식해야 해요. 주변의 많은 사람이 자연 보호가 필요하다는 것을 느끼지만 그 시급성에 대해서는 심각하게 생각하지 않아요. 늦었다고 생각할 때가 가장 빠를 때라는 말이 있지요? 이제 우리 모두 자연 보호에 대해 심각하게 인식할 때예요.

2. Retain(보존): 생물 다양성 및 문화적 다양성을 보존해야 해요. 생태계의 생물 다양성만큼 인류 문화의 다양성도 중요해요.

3. Restore(복원): 인류의 노력을 통하여 멸종에 처한 생물

들을 복원해야 해요. 생물뿐 아니라 인간에 의해 훼손된 자연환경도 복원해야 해요.

4. Resource(자원): 자연 보호 활동은 투자 없이는 이루어질 수 없어요. 환경 보호 단체를 지원하여 이러한 활동들이 계속 이루어질 수 있도록 도와주세요.

5. Reconnect(재연결): 자연으로부터, 다른 사회로부터 단절된 인간을 다시 연결시켜 자연과 다른 문화권의 사람들과 다시 소통할 수 있도록 해요.

어때요? 모두 다 중요한 항목들이지요? 세부 실천 사항에서부터 알 수 있듯이 세계자연보전연맹은 생물 자원과 지구 환경뿐 아니라 인간의 사회적 활동과 문화에 대해서도 필요한 가이드라인을 제시하고 있어요. 인류의 사회적, 문화적 활동과 지구 환경, 생태계 구성 요소는 서로 긴밀히 연결되어 있기 때문이지요. 그러면 이제 다시 멸종 위기 생물 이야기로 돌아가 볼까요?

사불상은 절멸 위기에서
어떻게 살아남았을까?

　1단계 완전히 절멸한 생물에 대해서는 앞에서 도도, 스텔러바다소, 주머니늑대의 경우를 들어 알아보았어요. 이제 2단계 야생 절멸한 생물을 한 종만 소개해 볼까요? 여러분은 혹시 '사불상'이라는 동물을 들어 보았나요? 사불상(四不像)이라는 이름은 몸통은 당나귀, 머리는 말, 뿔은 사슴, 발굽은 소를 닮았지만 전체적인 모양은 이 네 종류의 동물과는 다르다고 해서 붙여진 거예요. 분류학적으로는 포유강 우제목 사슴과에 속하는 사슴의 한 종류입니다.

　사불상은 중국 아열대 지역의 강가 계곡에서 살고 있었는데 19세기 말 남획으로 인해 개체 수가 거의 절멸 직전까지 갔어요. 청나라의 10대 황제였던 동치제의 황궁 전용 사냥터에 마지막 남은 사불상들이 살고 있었는데 1895년 홍수로 사냥터의 벽이 무너졌지요. 이때 대부분의 사불상이 사냥터에서 탈출하였지만 주변의 굶주린 농노들이 잡아먹었어요. 그 후 30마리 정도의 사불상이 황궁 사냥터에 살아남아 있었으나 1900년 의화단 운동 당시 독일군이 사냥터에 침입하여 남은 사불상을 사살하고 또 잡아먹었지요. 이때 중국의 사불상은 사실상 절멸한 거나 마찬가지였어요. 간신히 살아남은 몇 쌍의 사불상은 영국인과 프랑스인 들에 의해 유럽의 동물원으로 수출되어 명맥을 유지할 수 있었습니다.

허브랜드 러셀이라는 영국의 귀족은 뒤늦게 이 사불상의 중요성을 깨달았어요. 런던 동물학회의 회장을 역임하면서 야생 동물 보존에 관심을 가졌던 그는 유럽의 동물원으로부터 사불상을 데려와 영국 베드퍼드셔의 개인 사슴 농장 '우든 에비'에서 키웠어요. 이어서 유럽에는 두 차례의 세계 대전이 있었지만 러셀 가족의 노력으로 사불상은 영국의 농장에서 살아남을 수 있었지요. 현재 중국 및 전 세계의 동물원에는 5,000마리 이상의 사불상이 살고 있는데 이는 '우든 에비'에서 처음 방목된 수컷 한 마리와 암컷 두 마리의 자손이라고 해요.

이미 야생에서는 절멸한 '야생 절멸' 단계의 사불상이었지만 1985년 허브랜드 러셀의 후손인 로빈 러셀은 사불상의 원산지인 중국에 이들을 다시 보내 야생 사불상 집단을 복원시키고자 했어요. 사불상이 중국에서 마지막으로 살던 곳인 난 하이지 정원(옛 동치제의 황궁 사냥터)이 사불상들이 다

시 살아갈 장소로 선택되었지요. 85년 만에 고향으로 사불
상들이 돌아온 것입니다. 이어 사불상들은 중국 여러 지역
의 보호 구역으로 분양되었어요. 현재 여러 보호 구역에서
몇천 마리의 사불상이 살고 있고, 야생으로 탈출하거나 방
생한 개체의 양도 상당해 지금은 꽤 많은 사불상들이 야생
에서 살고 있다고 해요. 이제는 야생 절멸의 단계에서 벗어
난 것이지요.

하지만 세계자연보전연맹은 아직 사불상을 야생 절멸의
단계로 분류하고 있어요. 야생에서 살고 있는 동물들이 아
직은 개체 수가 적고 그로 인해 집단의 충분한 유전적 다양
성이 확보되지 못했기 때문이지요. 오랫동안 사불상의 야생
개체 수가 안정적으로 유지되어야만 야생 절멸의 꼬리표를
뗄 수 있어요.

선각자 허브랜드 러셀의 시대를 앞서간 행동으로 사불상
은 중국의 혼란기, 유럽을 강타한 두 차례의 세계 대전이라
는 근현대사의 질곡을 뚫고 현재까지 종족을 유지할 수 있
었습니다. 2005년 베이징시에서는 사불상 복원 20주년 기
념으로 난 하이지 정원에 허브랜드 러셀의 동상을 세웠다고
해요. 인간에 의해 절멸의 위기에 처했던 동물이 다시 다른

사불상은 당나귀의 몸통, 말의 머리, 소의 발굽, 사슴의 뿔을 가지고 있다. 물을 좋아하며 헤엄을 잘
치고, 풀과 이끼를 뜯어 먹는다. 사불상의 발굽은 크고 넓은데 움직일 때 딸깍거리는 소리를 낸다.
사진 Pixabay 제공 ⓒErik-Karits

인간에 의해 살아남았다는 사실이 조금은 역설적이지요. 하지만 만물의 영장으로서의 인간의 책임감을 다시 한번 생각할 수 있게 해 주는 좋은 사례가 아닌가 싶어요.

아홀로틀은
왜 어른이 되지 않기로 했을까?

이번에는 위급 상태의 동물 하나만 더 알아볼까요? 여러분은 아홀로틀이라는 동물에 대해서 들어 보았나요? 이상한 이름이라고요? 그러면 혹시 우파루파라는 이름은 들어 보았지요? 물생활(관상어 등의 수생 생물을 키우는 취미 생활)을 하는 분들에게는 아주 익숙한 수생 생물이지요. 또한 관상용뿐만 아니라 뛰어난 재생 능력 때문에 의생명 과학 실험 대상으로 실험실에서도 많이 사육되어요. 우파루파라는 이름은 아홀로틀을 일본에서 애완동물로 마케팅하기 위해서 임의로 붙인 별칭이라고 해요.

아홀로틀은 멕시코의 수도 멕시코시티 근처의 한 호수에서만 발견되는 도롱뇽이에요. 도롱뇽은 개구리와 마찬가지로 유생일 때는 물속에서 살다가 성체가 되면 육상 생활을 합니다. 하지만 이 아홀로틀은 예외예요. 이들은 성체가 되어서도 유생의 형태를 계속 유지하는 '유형 성숙'을 하는 대표적인 동물로 알려져 있지요.

개구리의 유생인 올챙이와는 달리 도롱뇽의 유생은 외부

로 아가미가 돌출되어 있어요. 대부분의 도롱뇽은 성체로 변태하면서 외부 아가미가 사라지는데 아홀로틀은 성체가 되어서도 계속 외부 아가미를 가지고 있기 때문에 수중 생활을 할 수밖에 없어요. 양서류의 변태에 티록신이라는 호르몬이 필요하다는 것을 생명 과학 시간에 배웠지요? 아홀로틀은 티록신을 만들도록 자극하는 호르몬인 갑상샘 자극 호르몬이 결핍되어 성체로 변태하지 않아요. 변태하지 않고 성숙하면 노화가 지연되어 오래 살 수 있기 때문에 변태 호르몬을 버리는 방향으로 진화되었죠.

아홀로틀은 이미 멕시코의 고향 호수에서는 거의 찾아볼 수 없다고 해요. 마구 잡아들여 개체 수가 많이 줄어든 것이지요. 하지만 전 세계의 수족관이나 수중 생물을 취미로 키우는 사람들의 수조 안, 그리고 재생 의학을 연구하는 연구소에는 엄청나게 많은 아홀로틀이 살고 있어요. 우리나라에서도 특히 알비노 개체가 예쁘다면서 많은 사람이 키우고 있지요. 번식도 어렵지 않아서 쉽게 분양받을 수 있어요.

그런데 아홀로틀도 간혹 변태가 진행되어 외부 아가미를 잃고 팔다리가 굵어지면서 육상형 도롱뇽 형태로 바뀌는 경우가 있다고 해요. 돌연변이나 기타 여러 가지 환경 요인으

양서류는 성장 과정에서 큰 형태 변화를 거쳐 성체가 되는 변태를 하지만, 아홀로틀은 어릴 때 모습 그대로 자라는 '유형 성숙'을 한다. 미소 짓는 듯한 얼굴과 깜찍한 발 등 귀여운 외모를 지녔다.
사진(위) shutterstock 제공 ⓒaxolotlowner 사진(아래) pexels 제공 ⓒRaphael Brasileiro

로 티록신이 활성화되어 변태가 유도된 것이지요. 호기심 많은 애호가들이 호르몬 주사를 통해 아홀로틀을 인위적으로 변태시키는 경우도 있다는데 아홀로틀의 수명이 아주 짧아지니 절대 하지 말아야 해요. 아홀로틀이 변태를 하지 않도록 진화한 것은 그 나름대로 이유가 있는 거예요.

이것은 저만의 생각인데요, 혹시 아홀로틀이 변태를 하지 않도록 진화한 것은 유생 때의 귀여운 모습을 유지하여 애완동물로 계속 살아남기 위함이 아니었을까요? 아홀로틀은 자신들의 고향인 멕시코 호수의 환경이 변할 것을 예상하고 안락한 수족관에서 애완동물로서 종족을 유지하는 방법을 선택한 것은 아닐까요?

실제로 저도 여러 종류의 도롱뇽을 길러 본 경험이 있는데 수생 유생 때는 먹이 주기도 쉽고 사육 난이도가 낮지만 일단 성체가 된 후에는 키우기가 힘들었던 기억이 있어요. 설마 아홀로틀이 그러한 생존 전략을 일부러 취한 것은 아니겠지만 결과적으로 아홀로틀은 몇백 년 몇천 년 이후에 비록 야생에서는 절멸하더라도 인간의 반려동물로 계속 지구상에서 생존하고 있을 거예요.

사실 지금 예를 들어 알아본 사불상과 아홀로틀은 형편

이 나은 편이에요. 살아 있는 화석이라고 불리는 육기어강에 속하는 물고기인 실러캔스, 양쯔강 돌고래, 심지어는 우리와 친숙한 고릴라나 오랑우탄도 현재 심각한 멸종 위기에 처해 있어요. 이들 위기종들을 보존하기 위해 우리 인간들의 경각심이 더욱더 필요하겠지요? 이러한 맥락에서 한국에 살고 있는 우리들이 신경 써서 보존해야 할 한국의 멸종 위기 생물에 대하여 조금만 더 알아보도록 할게요.

한국의
멸종 위기 생물들

한국의 포유류 중에는 14종이 멸종 위기 1급으로 분류됩니다. 늑대, 여우, 반달가슴곰, 물범, 수달 등이 여기에 포함되지요. 남한에서는 볼 수 없으나 혹시 북한에 살아남은 개체가 있을지도 모른다고 추정되는 호랑이와 표범도 한국의 멸종 위기 1급 야생 동물로 분류돼요.

조류는 16종이 멸종 위기 1급, 53종이 멸종 위기 2급으로 분류됩니다. 검독수리, 두루미, 황새, 고니 등이 멸종 위기 1급 조류예요. 이들과 함께 멸종 위기 1급 조류로 지정되어 있는 크낙새를 들어 본 적이 있나요? 저의 학창 시절에는 크낙새가 많은 관심의 대상이었어요. 크낙새라는 상표를 가진 연필이 아주 유행할 정도로요. 왜냐하면 1974년에 경기도 광릉에서 쌍을 이루어 번식하는 것이 거의 10년 만에 확인되었기 때문이에요. 1979년에도 다시 번식하는 것이 발견되었지요. 그 당시 소년 잡지에 크낙새에 대한 기사가 굉장히 많이 실렸던 기억이 나요.

크낙새는 동아시아에만 분포하는 딱따구리의 한 종류로

늑대는 꼬리를 항상 밑으로 늘어뜨리는 점이 개와 다르다. 우리나라 북부 및 중부에서 살았던 기록
이 있다. 새끼 때의 모습은 강아지와 비슷하고, 동물원에서는 12~15년 정도 산다. 원작자 서문홍.
저작재산권자 국립생물자원관

일본 쓰시마섬에서 서식하던 개체는 절멸하였고, 한국에서도 1981년 한 쌍이 둥지를 떠난 것이 관찰된 후 1989년 여름부터는 더 이상 목격되지 않아요. 아마도 절멸했을 것으로 전문가들은 예상하고 있어요.

한국의 파충류는 제주도에 서식하는 비바리뱀 1종이 멸종 위기 1급이고 구렁이, 표범장지뱀, 남생이 3종이 멸종 위기 2급으로 분류돼요. 이 중에서도 저는 남생이가 특히 기억에 남아요. 제가 어렸을 때 한탄강으로 수영을 하러 갔는데 정말 많은 남생이를 강기슭에서 볼 수 있었어요. 그렇게 많은 거북이가 야생에서 돌아다니는 것을 처음 보아 무척 인상이 깊었어요. 에이… 요즘도 근교의 연못에서 거북이를 많이 볼 수 있는데 무슨 이야기냐고요? 사실 지금 주변의 하천에서 흔히 볼 수 있는 거북이들은 토종 파충류인 남생이가 아니고 미국에서 수입한 붉은귀거북이에요. 이들은 남생이와 다르게 눈 뒷부분에 선명한 빨간 줄이 있으므로 쉽게 구분이 가능해요.

이들 붉은귀거북은 2000년 이전 애완용이나 종교 행사 방생용으로 엄청나게 많은 개체가 우리나라에 수입되었어요. 하지만 애완용으로 키우다가 지겨워진 주인이 개천이나 연못에 풀어놓거나 종교 행사용으로 대규모 방생되면서 이들은 한국의 하천 생태계를 파괴하는 생태계 교란종으로 지정되었지요. 우리나라 하천의 작은 물고기, 수생 곤충, 양서류 유생 등을 닥치는 대로 잡아먹어 우리나라의 토종 거북이인 남생이가 붉은귀거북과의 경쟁에서 져서 도태되었기 때문이에요.

붉은귀거북 외에도 황소개구리, 큰입배스, 블루길, 미국가재 등이 외국에서 도입된 대표적인 생태계 교란종입니다. 이들은 비슷한 생태계의 위치를 차지하는 한국의 생물들보다 월등한 경쟁력을 가지고 있어 한국의 토종 생물들을 멸종 위기로 몰아넣었지요.

이 책의 앞부분에서는 주로 기후 변화와 같은 환경의 영향 때문에 멸종하는 생물들에 대한 이야기를 했어요. 그런데 기후 변화나 인간에 의한 서식지 파괴에 못지않게 외래 생태계 교란종 때문에 멸종하는 토종 동식물도 많다고 해요. 큰입배스가 잡히는 저수지에서 여전히 토종 붕어들이 낚시로 잡히는 예를 들면서 실제로 외래종이 토종 생물의 생태에 영향을 미치지 않는다고 주장하는 사람들도 있는데 틀린 말씀이에요. 큰입배스 같은 큰 물고기는 붕어보다는

주변의 하천에서 흔히 볼 수 있는 거북이들은 토종 파충류인 남생이가 아니고 미국에서 수입한 붉은귀거북이다. 사진 shutterstock 제공 ⓒxbrchx

수원청개구리는 청개구리와 비슷하지만 수컷의 경우, 턱 밑에 노란색이 돌아 구별할 수 있으며, 울음소리로도 구별이 가능하다. 원작자 김현태, 저작재산권자 국립생물자원관

훨씬 작은 크기의 토종 물고기들을 주로 잡아먹어요. 붕어 낚시꾼들이 간과하고 있는 사실이지요.

어류는 11종이 멸종 위기 1급이고 18종이 멸종 위기 2급에 속해요. 금강 인근 수역에만 분포하는 미꾸리과의 미호종개, 낙동강 수역에만 살고 있는 메기목 동자개과의 꼬치동자개가 멸종 위기 1급의 토종 어류이지요. 이들 외에도 꺽저기, 가시고기, 열목어, 큰줄납자루, 어름치 등 여러분이 한 번 정도 이름을 들어 보았을 만한 물고기들이 멸종 위기 2급으로 지정되어 있어요. 이들을 생태계에서 보존하기 위해서라도 무분별한 외래종의 유입은 막아야 해요.

한국의 양서류는 수원청개구리 1종이 멸종 위기 야생 생물 1급, 고리도롱뇽, 금개구리, 맹꽁이가 멸종 위기 야생 생물 2급으로 지정되었어요. 이 중에서도 수원청개구리는 제가 가까이서 오랫동안 관찰한 경험이 있어서 기억에 남아요. 저희 연구실 바로 옆 연구실이 발생 생물학 연구실인데 그 연구실의 담당 교수님은 양서류를 대상으로 한 연구도 많이 진행했어요. 주로 조금은 징그러운 배가 빨간 무당개구리를 대상으로 연구를 많이 하셨는데, 어느 날 그 연구실에 가 보니 작은 테라리움(양서류나 파충류를 키우기 위해 육상

식물을 심어 놓고 습도를 일정하게 유지하는 사육 용기)에 청개구리들을 잔뜩 키우고 있었어요. 저는 그냥 청개구리인 줄 알았는데 수원청개구리라고 하시더군요. 자세히 살펴보니 턱 밑에 노란색이 도는 것이 기존에 보던 청개구리와는 조금 달랐어요. 수원청개구리 보존을 위한 인공 부화 연구를 위해 실험실에서 키우고 있었지요. 그 귀여운 모습이 지금도 눈앞에 선해요. 빨리 개체 수가 복원되어 우리 주변에서도 쉽게 만날 수 있으면 좋겠어요.

이번에는 한국의 멸종 위기 곤충에 대해서도 알아볼까요? 가장 유명한 멸종 위기 곤충은 바로 장수하늘소이지요. 제가 어렸을 때 탐독하던 소년 잡지 등에도 장수하늘소가 워낙 많이 소개되어서, 당시 제 친구들은 주변에서 아무 하늘소만 만나도 잡아 와 혹시 장수하늘소가 아니냐고 저에게 물어봤어요. 물론 다 다른 하늘소 종류였지요. 장수하늘소는 요즘도 과학관에 가면 모형이나 표본이 전시되어 있는데 그 늠름한 모습을 보면 언젠가 꼭 자연에서 직접 만나 보고 싶어요. 마치 사슴벌레를 연상시키는 강력한 턱 하며 너무나 매력적인 곤충이에요.

이외에도 어렸을 때 서울 변두리 동네 골목에서도 쉽게

애기뿔소똥구리의 몸은 길이 13~19㎜이고, 광택이 강한 검은색을 띤다. 소똥이나 말똥 밑에 굴을 파고 그 속으로 똥을 가져와 먹는다. 둥근 모양의 경단을 만들어 알을 낳는데, 유충의 날개가 돋으면 암컷은 집을 떠난다. 원작자 변혜우, 저작재산권자 국립생물자원관

볼 수 있었던 소똥구리가 이제는 시골에서도 만나기 힘들어 멸종 위기 2급으로 지정되었어요. 당시에는 서울에서도 소 달구지, 말달구지 들이 길거리에 많이 다녀서 사방에 소똥 말똥 등이 널려 있었기 때문에 친구들 사이에 이런 농담이 있었어요. "알고 소똥 밟으면 재수 없고 모르고 말똥 밟으면 재수 있다." 물론 전혀 근거도 없고 말도 안 되는 농담이었지만 그런 농담이 초등학생들 사이에서 유행할 정도로 소똥과 말똥을 쉽게 볼 수 있었던 시절이었지요. 그만큼 이들의 똥을 먹고사는 소똥구리들이 살기 쉬운 환경이었고요. 지금은 소똥구리를 보려면 도대체 어디로 가야 할까요? 한국에서는 1970년대 이후로 거의 멸종한 것으로 추정한다고 하네요. 어린 시절의 추억을 잃은 기분이에요.

소똥구리와 장수하늘소 이외에도 애완 곤충으로 인기가 많은 사슴벌레의 한 종류인 두점박이사슴벌레도 멸종 위기 2급의 곤충이에요. 우리가 주변에서 흔히 볼 수 있는 사슴벌레는 넓적사슴벌레, 왕사슴벌레, (그냥)사슴벌레, 애사슴벌레, 톱사슴벌레 정도가 있지요. 그나마 넓적사슴벌레 이외에는 거의 만나 보기 힘들지만요.

두점박이사슴벌레는 주로 제주도에서 발견된다고 해요.

몸통은 다른 사슴벌레류보다 훨씬 밝은 갈색이고 몸통의 양쪽에 검은 점이 있지요. 저는 2023년 제주도 여행 중 처음으로 만나 보았어요. 어렸을 때 사슴벌레를 잡으러 밤마다 랜턴을 들고 동네 뒷산에 올랐던 저로서는 꼭 한번 만나 보고 싶은 곤충이어서 정말 반가웠어요.

너무 동물 위주로만 이야기했으니 이번에는 한국의 멸종 위기 식물에 대해서도 간단히 알아볼게요. 주로 극강의 사육 난이도로 악명 높은 난초 계열 중에 멸종 위기 식물들이 많아요. 나무나 바위 위에 붙어살며 자라는 풍란이 멸종 위기 야생 생물 1급으로 분류되었어요. 털복주머니란, 금자란, 한란, 비자란 등도 멸종 위기 야생 생물 1급에 속해요. 멸종 위기 야생 생물 2급에 속하는 식물 중에는 우리와 친숙한 가시오갈피나무, 개가시나무 등이 있어요. 동물에 비해 상대적으로 사람들의 관심을 덜 받고 있지만 이러한 식물의 다양성 보존도 무척 중요한 일이지요.

해조류인 그물공말과 삼나무말도 멸종 위기 야생 생물 2급으로 분류되었고 진균류인 화경솔밭버섯도 멸종 위기 야생 생물 2급으로 지정되었어요. 우리가 신경 써서 멸종을 막아야 할 우리나라의 생물은 동물과 식물에 국한되지 않고

(상단 왼쪽부터 시계 방향) 녹갈색의 작은 거품이 모인 공 모양인 그물공말은 따뜻한 계절에 출현한다. 연한 노란색 꽃을 피운 비자란은 비자나무와 같은 상록수에 붙어산다. 꽃이 아름답고 향기도 좋은 풍란은 관상용으로는 재배되지만, 자생지에서는 절멸될 위기에 처해 있다. 서어나무의 고목에 주로 발생하는 화경솔밭버섯은 독소를 함유하고 있다. 원작자 현진오, 현진오, 구연봉, 김창무. 저작재산권자 국립생물자원관

조류, 진균류도 포함됩니다. 제주도에 놀러 가게 되면 바닷가에서 밝은 녹색의 공 모양인 그물공말이 있나 관찰해 보고 혹시나 발견하게 되면 밟지 않도록 주의하세요. 산에 갔을 때도 탐스러워 보이는 화경솔밭버섯을 발견하면 절대로 따서 먹지 말고 서식지를 잘 보존해 주세요. 화경솔밭버섯은 실제로 독이 있어서 섭취하면 안 돼요.

기후 변화와 여섯 번째 대멸종

6장

기후 변화가
일어나는 원인은?

　생물의 멸종에는 여러 이유가 있지요. 도도와 주머니늑대는 인간의 남획이나 인간에 의한 생태계 구성원의 변화에 의해 멸종했어요. 반면 과거에 있었던 대규모 멸종은 모두 급격한 기후 변화에 의해 발생했습니다. 화산 활동으로 발생한 이산화 탄소가 온실가스로 작용하여 지구 온난화를 일으키기도 했고, 운석 충돌로 발생한 연무가 햇빛을 가려서 지구 냉각이 일어나기도 했어요. 공룡이나 삼엽충의 멸종은 오랫동안 지속된 기후 변화에 의해서 발생하였지요. 그렇다면 이러한 기후 변화가 일어나는 이유는 이산화 탄소의 온실가스로서의 역할이나 연무의 햇빛 차단 외에 다른 요인은 없는 것일까요?

　지금부터 학자들이 이야기하는 지구 기후 변화의 여러 가지 원인에 대해서 하나씩 알아볼게요. 이들 중에는 지구 내재적인 요인도 있고 태양과 같은 지구 외부적인 요인도 있어요. 그중 첫 번째는 '태양 주기'예요. 태양의 에너지 발생 능력이 주기적으로 변한다는 것이지요. 태양의 세기가 주기

적으로 변한다니 정말 놀랍지요? 이런 일은 도대체 왜 일어
날까요?

   태양은 자체의 자기장 변화 때문에 11년을 주기로 에너지
발생이 변해요. 태양의 에너지 활동이 많을 때를 태양 극대
기라 부르고 반대로 에너지 활동이 적을 때를 태양 극소기
라 불러요. 태양 극대기와 극소기 때의 에너지 차이는 지구
의 온도에 영향을 미칠 정도는 아니지만, 몇십 년 혹은 몇
백 년 만에 찾아오는 태양 최대 극대기와 태양 최소 극소기
의 에너지 차이는 지구의 온도 변화를 일으키기에 충분하다
고 합니다. 최근에 있었던 태양 최소 극소기는 1645년에서
1715년 사이에 있었던 마운더 극소기로 태양 에너지가 평소
의 0.08%까지 줄어들었다고 해요.

   한때 학자들은 과거의 태양 극소기가 빙하기의 원인이 되
지 않았을까 생각했어요. 하지만 태양 최소 극소기에도 빙
하기를 일으킬 정도로 태양 에너지가 감소하지는 않는다는
것이 지금의 결론이에요. 현재는 지난 50년 동안 태양의 활
동이 감소하는 태양 극소기에 들어온 시기이기 때문에 지금
발생하고 있는 지구 온난화를 태양 주기와 연관시켜서 설명
하기는 어려워요.

두 번째도 역시 지구 외부적인 요인인 '지구 공전 궤도 흔들림'이에요. 지구의 공전 궤도는 태양과 달, 그리고 태양계 다른 행성들의 영향으로 주기적으로 조금씩 변해요. 공전 궤도 이심율의 변화(이심율은 타원형인 지구의 공전 궤도가 원에서 얼마나 더 찌그러진 타원인가를 나타내는 척도예요), 자전축 경사의 변화, 그리고 지구 자체의 회전 운동과 달의 조력에 의해 발생하는 세차 운동에 의해 지구의 공전 궤도가 영향을 받게 되고 이러한 결과로 지구의 기후가 주기적으로 변합니다. 지난 십만 년 동안 지구의 온도는 약 6도 정도 변했고 현재 지구의 이산화 탄소 온실가스 방출이 없다면 향후 1500년 후에 지구에는 또 다른 빙하기가 찾아올 수도 있을 것이라 하네요.

세 번째 기후 변화의 원인은 '이산화 탄소와 풍화에 의한 온도 조절기' 효과예요. 여러분 집이 개별난방인 경우 온도 조절기가 있지요? 겨울에 온도 조절기를 20도 정도로 맞추어 놓으면 어떻게 되나요? 실내 온도가 20도 이하로 떨어지면 난방이 켜져서 온도가 올라가고 다시 20도 이상으로 온도가 유지되면 난방이 꺼지지요. 이렇게 에너지 소비를 줄이기 위한 장치가 온도 조절기입니다. 마치 온도 조절기에 의해 실내의 온도가 조절되듯이 이산화 탄소 방출과 풍화 작용에 의해 지구의 온도가 아주 긴 시간을 주기로 조절된 다는 것이지요.

학자들은 이산화 탄소와 풍화에 의한 온도 조절기가 지구의 온도를 조절하는 가장 중요한 스위치가 된다고 이야기합니다. 화산 폭발이나 유기물의 부패에 의해 이산화 탄소가 공기 중으로 확산되고, 이산화 탄소는 비교적 오래 지속되는 온실가스이기 때문에 지구를 떠나려는 열에너지를 가두어 두는 역할을 해요.

반면 풍화 작용에 의해 부서진 바위로부터 노출된 칼슘은 공기 중의 이산화 탄소와 결합하여 석회질을 형성하기도 하고 규소와도 결합할 수 있어요. 이렇게 풍화 작용은 온실가스인 이산화 탄소의 양을 줄여서 지구의 온도를 낮춰 주는 역할을 하지요.

이산화 탄소 방출과 이산화 탄소 포집은 상호 길항 작용을 통하여 마치 온도 조절기가 실내의 온도를 조절하듯이 아주 오랜 주기를 두고 지구의 온도가 너무 올라가거나 너무 내려가는 것을 막아요. 약 십만 년 정도의 주기로 지구 온난화와 냉각화가 반복되는 사이클을 만들고 있다고 해요.

미국은 산업 혁명 이후 대기 중으로 4,220억 미터톤의 이산화 탄소를 배출한 최대 탄소 배출국이다.
현재 세계의 공장 중국은 압도적으로 많은 이산화 탄소를 배출하며, 인구가 많은 인도도 배출량을
늘려 가고 있다. 사진 unsplash 제공 ⓒChris LeBoutillier

풍화 작용과 함께 대양의 바닷물도 이산화 탄소를 용해하여 온실가스인 이산화 탄소를 줄일 수 있어요. 하지만 최근 화석 연료의 남용으로 화산 폭발 등에 의해 방출되는 이산화 탄소보다 훨씬 많은 양의 이산화 탄소가 방출되고 있어요. 그래서 풍화 작용이나 바닷물 용해에 의한 이산화 탄소 포집이 어려워 점점 더 온난화가 가속화되지요.

이외에도 지금까지 대규모 멸종을 공부할 때 알아본 지각 변동, 운석 충돌, 생물종의 변화(특히 광합성을 수행하여 이산화 탄소를 포집하는 생물의 등장) 등에 의해 지구의 온도가 변할 수 있어요. 하지만 현재 당면한 가장 큰 문제는 십만 년 주기로 반복되던 이산화 탄소 방출과 포집에 의한 사이클이 최근 인간의 활동에 의한 이산화 탄소 방출로 인해 흔들리고 있다는 사실이에요.

지구 온난화를 일으키는
온실가스의 종류

현재 우리 인류가 당면한 문제인 지구 온난화를 일으키는 가장 큰 주범이 온실가스라는 것을 앞에서 배웠어요. 그러면 이제부터 온실가스란 무엇이고, 온실가스에는 어떤 것들이 있는지 알아보도록 할게요.

온실가스는 지구의 대기 중에 존재하는 가스 중에서 태양으로부터 내려오는 가시광선은 통과시키고 지구에서 다시 복사되어 우주로 흩어지는 적외선의 복사열을 흡수하는 기체를 뜻해요. 마치 비닐이나 유리로 만들어진 온실처럼 빛은 받아들이고 열은 덜 뺏겨 내부의 온도를 따뜻하게 유지하는 기능을 하지요.

사실 온실가스라고 하면 지구 온난화의 주범으로 나쁘게만 생각하는 사람들이 있어요. 하지만 온실가스가 없다면 지구의 온도가 인간이 살 만큼 따뜻하게 유지되지 못할 거예요. 그러니까 온실가스 자체가 문제인 것은 아니고 온실가스는 꼭 필요한 존재이지만 필요 이상으로 많아져서 지구의 온도가 점점 높아지고 있는 것이 문제이지요.

온실가스에는 이산화 탄소, 메테인, 이산화 질소, 수소 불화 탄소, 과불화 탄소, 기타 여러 플루오린 화합물 기체들이 있어요. 이중 메테인은 12년, 이산화 질소는 121년의 반감기를 가지고 있어요. 각각 12년, 121년이 지나면 양이 절반으로 분해된다는 것이지요.

하지만 이산화 탄소는 아주 안정적인 물질이라 거의 분해되지 않아요. 그러니까 이산화 탄소를 제거하려면 앞에서 이야기했던 것처럼 풍화 작용 시에 노출된 광물에 의해 석회질로 흡착되거나, 식물의 광합성을 통해 유기물로 전환되어야만 하는 거죠. 그렇다면 이산화 탄소를 포함한 이들 개별 온실가스가 실제로 온실 효과에 어느 정도 비율을 차지하는지 알아볼까요?

이산화 탄소의 대기 중 비율은 약 0.03% 정도 돼요. 또 다른 온실가스인 메테인의 비율은 0.0002% 정도 되고요. 하지만 실제로 온도를 보존하는 역할, 즉 온실가스로서의 기여 비율은 이산화 탄소가 9~26%, 메테인이 4~9%입니다. 메테인은 이산화 탄소의 1/200도 안 되는 비율로 존재하지만 온실가스로서의 역할은 꽤나 잘 수행하지요?

자, 여러분 근데 뭔가 이상하지 않아요? 이산화 탄소가 아무리 많아도 26% 정도, 메테인은 9% 정도 차지하는데 나머지는 어떤 온실가스가 담당할까요? 놀라지 마세요. 바로 물, 수증기가 온실 효과에 차지하는 역할이 70% 가까이 된다고 해요. 그 외에는 오존 가스가 2~8% 정도의 온실 효과를 담당해요.

우리 인간, 아니 모든 생물에게 꼭 있어야만 하는 존재인 물, 인간에게 절대 해롭게 작용하지 않을 것 같았던 물이 증발한 수증기가 지구 온난화를 일으키는 온실가스라니 조금은 황당하죠? 수증기가 온실 효과에 가장 많은 영향을 미친다는 사실을 전문가들은 이미 알고 있었어요. 하지만 수증기, 즉 물은 지구 전체의 용매로서 인간이 제어할 수 없는 대 순환 사이클을 가지고 있으므로 지구 온난화의 주범에서는 제외하고 있어요. 우리 인간이 수증기의 발생을 인위적으로 제어하기에는 물의 양이 너무 많기 때문이지요. 그래서 수증기는 온실가스이지만 규제 대상 물질에서는 빠져 있어요.

일부 사람들은 이산화 탄소보다 수증기가 더 지구 온난화에 큰 영향을 주는 온실가스라는 사실을 두고 이산화 탄소가 지구 온난화의 주범이라는 사실에 회의적인 입장을 보이

오토바이를 많이 이용하는 베트남 호치민 거리. 전 세계에서 교통수단이 배출하는 탄소량은 약 15%이다. 비행기가 단시간 내에 가장 폭발적인 탄소를 배출하지만, 자동차, 오토바이의 탄소 배출량도 매우 높다. 사진 Pixabay 제공 ©Olgaozik

기도 해요. 수증기가 이렇게 큰 역할을 하는데 이산화 탄소를 줄이는 것이 무슨 의미가 있겠냐는 입장이지요. 하지만 그러한 의견은 아주 쉽게 반박할 수 있지요? 잔에 물을 채워 가고 있는데 물이 꽉 차서 넘치면 안 되는 상황을 가정해 보아요. 이미 70% 정도로 물이 차 있다고 해서 계속 물을 붓고 마지막 한 방울까지 더해서 물이 넘치도록 해서는 안 되겠지요? 나머지 30%에 해당하는 이산화 탄소와 메테인의 발생량을 줄이면 인간은 지구 온난화로 가는 급행열차의 속도를 늦출 수 있어요.

소가 내뿜는
메테인 가스도 문제라고?

이산화 탄소는 여러분이 잘 알듯이 석탄이나 석유와 같은 화석 연료를 태워서 발생해요. 공장, 자동차, 발전소 등 거의 모든 인간의 활동이 이산화 탄소를 발생시키지요. 심지어 우리 인간도 탄소 화합물을 섭취해서 이산화 탄소로 분해해서 배출합니다.

또 다른 심각한 온실가스인 메테인은 어떨까요? 메테인은 이산화 탄소보다 거의 30배나 강력한 온실가스예요. 대기 중의 비율은 무시할 만한 양이지만 온실 효과에 거의 10% 가까이 기여한다는 연구 결과도 발표되었어요. 그렇다면 이 메테인이 주로 발생하는 곳은 어디일까요?

메테인이 가장 많이 발생하는 곳도 역시 화석 연료와 관련이 있어요. 우리가 석탄이나 석유와 같은 화석 연료를 소비하면 이산화 탄소가 발생하지만, 메테인 가스는 주로 화석 연료를 생산하는 과정에서 발생해요. 석탄이나 석유를 채굴하는 과정에서 많은 메테인 가스가 대기 중으로 방출되고 연료로 사용하는 천연가스도 대부분 메테인 가스입니다. 이러한 화석 연료 생산 과정에서 발생하는 메테인 가스가 전체 메테인 가스 방출량의 33% 정도를 차지해요. 나머지는 축산업이 30%, 농업이 18%, 쓰레기 처리에서 15% 정도 차지한다고 해요.

축산업에서 발생하는 메테인 가스의 대부분은 우리가 고기와 우유를 섭취하기 위해 키우는 소에서 발생해요. 바로 소의 트림이지요. 소는 반추동물이에요. 위가 4개나 있어 한 번 섭취한 음식물을 되새김질하지요. 소가 여러 개의 위를 가지고 있는 이유는 그 위 안에 있는 미생물들의 도움을 받아 다른 생물들이 소화시키기 힘든 셀룰로오스 같은 물질을 분해하기 위해서예요.

앞에서 고세균 이야기를 했던 것 기억하지요? 소의 위 속에 있는 여러 미생물 중에 메테인을 만들어 내는 메테인 생산 세균이라는 고세균이 있어요. 이 메테인 생산 세균이 메테인을 만들고 메테인은 소의 트림을 통해 공기 중으로 방출되지요. 그래서 우리가 먹는 고기의 양을 줄이면 메테인 온실가스 방출을 줄일 수 있어요. 동물 복지를 주장하는 사람들뿐 아니라 환경 단체 활동가들도 속속 채식 선언을 하고 있는 이유 중의 하나가 바로 소가 뿜어내는 메테인 가스

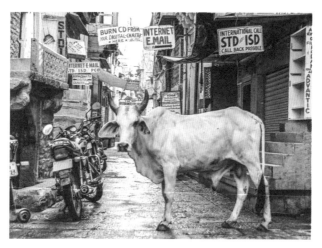

전 세계에서 축산업이 배출하는 탄소량은 약 14~20%이다. 100g의 단백질을 만들기 위해 소고기 생산자는 이산화 탄소 105㎏에 해당하는 온실가스를 배출하지만, 콩을 비롯한 식물성 단백질 100g은 이산화 탄소 0.3㎏을 배출한다. 사진 unsplash 제공 ⓒAdam Sherez

때문이기도 해요. 고기의 소비를 줄여서 사육하는 소의 개체 수를 줄이자는 것이지요.

실제로 어떤 연구에 의하면 지구 전체의 온실 효과에 가축이 발생시키는 온실가스가 14.5% 정도 차지한다고 해요. 하지만 현실적으로는 여러 가지 문제가 있어요. 세계에서 가장 소를 많이 키우는 나라는 인도이지만 인도는 역설적으로 소고기 소비가 거의 없는 나라예요. 가장 많은 소들이 메테인 가스를 트림으로 내뿜으며 잘 살고 있는 나라가 인도이지요.

이런 현실에서 가능하면 소가 배출하는 메테인 가스를 줄이고자 학자들은 여러 가지 연구를 하고 있어요. 소에게 먹이는 사료의 성분을 바꾸어서 메테인 가스가 적게 생산되도록 하는 연구도 있어요. 소에게 특정 해초 성분의 사료를 1% 정도 대체해 주면 60% 정도의 메테인 가스 감소 효과가 있다고 하네요. 하지만 이 해초는 다시마나 미역처럼 쉽게 구할 수 있는 해초가 아니어서 앞으로 해결해야 할 문제가 많습니다.

여섯 번째 대멸종이
일어날까?

　십만 년을 주기로 찾아오는 큰 스케일의 기후 변화는 주로 지구의 이산화 탄소 순환이나 지구 외적인 요인에 의한 것이어서 인간의 힘으로 막기는 어려워요. 하지만 최근 화석 연료의 남용과 대규모 축산에 의해 발생하는 기후 변화는 인간의 노력으로 어느 정도 막을 수 있어요. 그러니 지구의 구성원 모두 조금씩 노력해서 온실가스 발생을 줄일 수 있도록 해야겠지요?

　지구 온난화 가속화에 의한 기후 변화의 여러 가지 이상한 조짐이 최근 지구촌 여러 곳에서 나타납니다. 특정 지역에 가뭄이 계속된다든가 기록적인 폭우가 온다든가 하는 일들 말이에요. 우리나라에도 최근에 엄청난 폭우가 왔지요. 그해 여름 운전을 하면서 쳐다본 하늘이 참 남달랐어요. 우리나라에서 제가 몇십 년 동안 살면서 보기 힘들었던 구름의 모습을 보았거든요. 마치 동남아 같은 열대 지방에서나 볼 수 있는 그런 구름이었어요. 사실 우리나라의 날씨도 점점 아열대 기후에 가까워지고 있지요? 제가 어렸을 때만 해

캐나다 밴프 국립공원에 있는 모레인 호수. 만년설이 쌓인 산봉우리에 둘러싸인 아름다운 호수이다.
숲과 바다, 토양은 지금도 많은 이산화 탄소를 흡수하고 있다. 사진 Pixabay 제공 ⓒdkyfytr

도 서울에 소나무가 무척 많았고 사철나무도 싱싱하게 잘 자랐는데, 요즘은 소나무도 많이 줄어들었고 사철나무 이파리도 별로 싱싱해 보이지 않더군요. 아마 평균 온도가 상승해서 그런 것 같아요. 이렇게 기후 변화에 의해 우리 주변의 생물군들이 점점 변하고 있는 것을 모두 느낄 거예요.

앞으로 지구 온난화가 더 가속화된다면 더 많은 환경의 변화가 있을 것이고 우리 주변의 많은 생물들이 멸종해 자취를 감출 수 있어요. 우리가 지금까지 지구에 있었던 대멸종 사건을 통해서 배웠던 것처럼 말이지요. 물론 멸종의 시간표에 비해 인간의 일생은 너무나 짧아서 우리 개인 한 명 한 명이 태어나서 죽을 때까지 대멸종과 같은 일을 직접 관찰하기는 불가능할 거예요. 하지만 언젠가 우리 자손의 자손의 자손의 자손의 자손…이 살아야 하는 지구에 여섯 번째 대멸종이 일어난다면 인류의 미래 또한 장담하기 힘들겠지요. 그래서 우리에게는 최선을 다해 현재의 지구를 기후 변화로부터 지켜야 할 의무가 있어요.

자, 당장 오늘부터 하나씩 실천해 볼까요? 음식물 남기지 않기, 일회용품 쓰지 않기, 가까운 거리는 걸어다니기 등 이러한 간단한 실천 사항들을 수십억 인류가 수백 년, 수천 년 동안 수행한다면 언젠가 필연적으로 찾아올 수도 있는 여섯 번째 대멸종을 가능하면 더 먼 미래로 미룰 수 있겠지요? 어차피 태양은 언젠가 꺼지고 지구는 차갑게 식어 멸망할 텐데 왜 그래야만 하느냐고요? 우리는 지구를 같이 빌려 살고 있는 다른 생물들과는 달리 미래를 예측하고 개척할 수 있는 지적 능력이 있기 때문이에요. 지구에서 가장 훌륭하게 진화한 호모 사피엔스에게는 미래를 직접 제어해야 할 숙명이 주어져 있습니다.

우리에게는 최선을 다해 현재의 지구를 기후 변화로부터 지켜야 할 의무가 있다. 평화를 소망하는 손동작을 하며 웃고 있는 아이들. 사진 unsplash 제공 ⓒLarm Rmah

질문하는 시민 1

인류는 대멸종을 피할 수 있을까?

초판 1쇄 발행 2024년 5월 10일 | **초판 2쇄 발행** 2024년 10월 10일
글 신인철 | **편집** 이해선 | **디자인** 하늘·민 | **제작** 세걸음
펴낸곳 다정한시민 | **펴낸이** 이해선 | **출판신고** 2024년 3월 4일 제 2024-000039호
주소 경기도 고양시 일산동구 호수로 672 대우메종리브르 1105호 | **전화** 070-8711-1130
팩스 070-7614-3660 | **이메일** dasibooks@naver.com | **블로그** blog.naver.com/dasibooks

인쇄·제본 상지사 P&B

ⓒ 신인철 2024
ISBN 979-11-987002-3-0 (44470) | 979-11-987002-2-3 (세트)